电网调控运行云技术及应用

国网天津市电力公司　组编

内 容 提 要

随着云技术在实际生产过程中的广泛应用，电网调控运行对新技术支撑的要求日益加深，为提升调控运行专业人员对云技术及其在调控运行中应用的认识，增强驾驭新技术条件下大电网安全稳定运行的能力，面向广大电网调控运行从业人员编写本教材。全书共包括5章内容，分别为云技术基本知识、电网调控运行云技术支持体系、电网调控运行中的技术诉求、云技术在电网调控运行中的应用和典型案例。

本书由具有丰富现场经验的专业技术人员编写，可作为从事电网调控运行、自动化运维人员培训教材，也可作为相关专业人员学习参考。

图书在版编目（CIP）数据

电网调控运行云技术及应用 / 国网天津市电力公司组编. —北京：中国电力出版社，2021.12（2022.7重印）

ISBN 978-7-5198-5187-3

Ⅰ. ①电… Ⅱ. ①国… Ⅲ. ①电力系统调度 Ⅳ. ①TM73

中国版本图书馆CIP数据核字（2021）第217684号

出版发行：中国电力出版社
地　　址：北京市东城区北京站西街19号（邮政编码100005）
网　　址：http://www.cepp.sgcc.com.cn
责任编辑：邓慧都
责任校对：黄　蓓　马　宁
装帧设计：张俊霞　宝蕾元
责任印制：石　雷

印　　刷：三河市百盛印装有限公司
版　　次：2021年12月第一版
印　　次：2022年7月北京第二次印刷
开　　本：850毫米×1168毫米　32开本
印　　张：7.5
字　　数：167千字
定　　价：30.00元

编 委 会

前 言 FOREWORD

作为电网运行的重要技术支撑手段，电网调度自动化系统的发展，一直伴随着三代电网的发展而不断进步。20 世纪 60 年代，电力工业界首次将计算机技术引入电网调度领域，产生了调度数据采集与监控（SCADA）系统，采用孤岛式、分散式部署方式。20 世纪 90 年代之后，调度自动化系统逐步演变为基于开放式计算机操作系统、图形系统及广域互联网络的能量管理系统（EMS），采用与“统一调度、分级管理”原则相适应的分级、分布式部署方式。而近年来，云计算（cloud computing）的快速发展提供了一种崭新的服务模式，它相较于传统的 IT 服务模式，具备超大规模、虚拟化、高可靠性、通用性、高可扩展性、按需服务、成本低廉等特点，这些特点与第三代电网对先进调度运行技术的发展需求存在很大的契合度，是调度自动化系统由“分析型”向“智能型”转型的理想解决方案。

在我国电网从第二代向第三代转型过程中电网调控业务发展需求的基础上，首次系统性、全局性地将云计算的概念引入电网调控领域，提出了国家电网公司调控云总体规划，设计了调控云总体架构，提出了调控云建设需要突破的关键技术。由此，国网天津市电力公司组织具有丰富现场经验的专业技术人员编写了《电网调控运行云技术及应用》。全书共包括5章内容，分别为云技术基本知识、电网调控运行云技术支持体系、电网调控运行中的技术诉求、云技术在电网调控运行中的应用和典型案例。

由于编者水平、能力所限，书中难免存在不足之处，恳请各位读者和专家不吝指正。

编　者

2021年11月

目 录 CONTENTS

第 1 章　云技术基本知识

1.1　云技术简介

1.1.1　概述

“云”实质上就是一个网络，从狭义上讲，云计算就是一种提供资源的网络，使用者可以随时获取“云”上的资源，按需求量使用，并且可以看成是无限扩展的，只要按使用量付费就可以，“云”就像自来水厂一样，我们可以随时接水，并且不限量，按照自己家的用水量，付费给自来水厂就可以。

从广义上说，云计算是与信息技术、软件、互联网相关的一种服务，这种计算资源共享池叫作“云”，云计算把许多计算资源集合起来，通过软件实现自动化管理，只需要很少的人参与，就能让资源被快速提供。也就是说，计算能力作为一种商品，可以在互联网上流通，就像水、电、煤气一样，可以方便地取用，且价格较为低廉。

总之，云计算不是一种全新的网络技术，而是一种全新的网络应用概念，云计算的核心概念就是以互联网为中心，在网站上提供快速且安全的云计算服务与数据存储，让每一个使用互联网的人都可以使用网络上的庞大计算资源与数据中心。

云计算是继互联网、计算机后在信息时代有一种新的革新，云计算是信息时代的一个大飞跃，未来的时代可能是云计算的时代，虽然目前有关云计算的定义有很多，但总体上来说，云计算虽然有许多含义，但概括来说，云计算的基本含义是一致的，即云计算具有很强的扩展性和需要性，可以为用户提供一种全新的体验，云计算的核心是可以将很多的计算机资源协调在一起，使用户通过网络就可以获取到无限的资源，同时获取的资源不受时间和空间的限制。

1.1.2　产生背景

互联网自 1960 年开始兴起，主要用于军方、大型企业等之间的纯文字电子邮件或新闻集群组服务。直到 1990 年才开始进入普通家庭，随着 Web 网站与电子商务的发展，网络已经成为目前人们离不开的生活必需品之一。云计算这个概念首次在 2006 年 8 月的搜索引擎会议上提出，成为互联网的第三次革命。

近几年来，云计算也正在成为信息技术产业发展的战略重点，全球的信息技术企业都在纷纷向云计算转型。例如，每家公司都需要做数据信息化，存储相关的运营数据，进行产品管理、人员管理、财务管理等，而进行这些数据管理的基本设备就是计算机。

对于一家企业来说，一台计算机的运算能力是远远无法满足数据运算需求的，那公司就要购置一台运算能力更强的计算机，也就是服务器。而对于规模比较大的企业来说，一台服务器的运算能力显然还是不够的，那就需要企业购置多台服务器，甚至演变成为一个具有多台服务器的数据中心，而且服务器的数量会直接影响这个数据中心的业务处理能力。除了高额的初期建设成本之外，计算机的运营支出中花费在电费上的金钱要比投资成本高得多，再加上计算机和网络的维护支出，这些总的费用是中小型企业难以承担的，于是云计算的概念便应运而生了。

1.1.3　发展历程

云计算这个概念从提出至今，已经差不多 10 年了。在这 10

年间，云计算取得了飞速的发展与翻天覆地的变化。现如今，云计算被视为计算机网络领域的一次革命，因为它的出现，社会的工作方式和商业模式也在发生巨大的改变。

追溯云计算的根源，它的产生和发展与之前所提及的并行计算、分布式计算等计算机技术密切相关，都促进着云计算的成长。但追溯云计算的历史，可以追溯到 1956 年，Christopher Strachey 发表了一篇有关虚拟化的论文，因此正式提出虚拟化。虚拟化则是云计算基础架构的核心，是云计算发展的基础。而后随着网络技术的发展，逐渐孕育了云计算的萌芽。

在 20 世纪 90 年代，计算机网络出现了大爆炸，出现了以思科为代表的一系列公司，随即网络出现泡沫时代。

在 2004 年，Web 2.0 会议举行，Web 2.0 成为当时的热点，这也标志着互联网泡沫破灭，计算机网络发展进入一个新的阶段。在这一阶段，让更多的用户方便、快捷地使用网络服务成为互联网发展亟待解决的问题，与此同时，一些大型公司也开始致力于开发大型计算能力的技术，为用户提供更加强大的计算处理服务。

在 2006 年 8 月 9 日，Google 首席执行官埃里克·施密特（Eric Schmidt）在搜索引擎大会首次提出“云计算”（Cloud Computing）的概念。这是云计算发展史上第一次正式地提出这一概念，有着巨大的历史意义。

1.1.4 特点

云计算的可贵之处在于高灵活性、可扩展性和高性价比等，与传统的网络应用模式相比，其具有如下优势与特点。

（1）虚拟化技术。必须强调的是，虚拟化突破了时间、空间的界限，是云计算最为显著的特点，虚拟化技术包括应用虚拟和资源虚拟两种。众所周知，物理平台与应用部署的环境在空间上是没有任何联系的，正是通过虚拟平台对相应终端操作完成数据备份、迁移和扩展等。

（2）动态可扩展。云计算具有高效的运算能力，在原有服务器基础上增加云计算功能能够使计算速度迅速提高，最终实现动态扩展虚拟化的层次达到对应用进行扩展的目的。

（3）按需部署。计算机包含许多应用、程序软件等，不同的应用对应的数据资源库不同，所以，用户运行不同的应用需要较强的计算能力对资源进行部署，而云计算平台能够根据用户的需求快速配备计算能力及资源。

（4）灵活性高。目前市场上大多数 IT 资源，软、硬件都支持虚拟化，如存储网络、操作系统和开发软、硬件等。虚拟化要素统一放在云系统资源虚拟池中进行管理，可见云计算的兼容性非常强，不仅可以兼容低配置机器、不同厂商的硬件产品，还能够外设获得更高性能计算。

（5）可靠性高。倘若服务器故障也不影响计算与应用的正常运行。因为单点服务器出现故障可以通过虚拟化技术将分布在不同物理服务器上的应用进行恢复或利用动态扩展功能部署新的服务器进行计算。

（6）性价比高。将资源放在虚拟资源池中统一管理在一定程度上优化了物理资源，用户不再需要昂贵且存储空间大的主机，可以选择相对廉价的 PC 组成云，一方面减少费用，另一方面计算性能不逊于大型主机。

（7）可扩展性。用户可以利用应用软件的快速部署条件来更为简单快捷的将自身所需的已有业务以及新业务进行扩展。

如计算机云计算系统中出现设备的故障，对于用户来说，无论是在计算机层面上，或是在具体运用上均不会受到阻碍，可以利用计算机云计算具有的动态扩展功能对其他服务器开展有效扩展。这样就能够确保任务得以有序完成。在对虚拟化资源进行动态扩展的情况下，同时能够高效扩展应用，提高计算机云计算的操作水平。

1.1.5 服务类型

通常，云计算的服务类型分为基础设施即服务（IaaS）、平台即服务（PaaS）和软件即服务（SaaS）三类。这三类云计算服务有时称为云计算堆栈，因为它们构建堆栈，它们位于彼此之上。

（1）基础设施即服务（IaaS）。基础设施即服务是主要的服务类别之一，它向云计算提供商的个人或组织提供虚拟化计算资源，如虚拟机、存储、网络和操作系统。

（2）平台即服务（PaaS）。平台即服务是一种服务类别，为开发人员提供通过全球互联网构建应用程序和服务的平台。Paas 为开发、测试和管理软件应用程序提供按需开发环境。

（3）软件即服务（SaaS）。软件即服务也是云计算服务的一类，通过互联网提供按需软件付费应用程序，云计算提供商托管和管理软件应用程序，并允许其用户连接到应用程序并通过全球互联网访问应用程序。

1.1.6 实现关键技术

1. 体系结构

实现计算机云计算需要创造一定的环境与条件，尤其是体系结构必须具备以下关键特征。① 要求系统必须智能化，具有自治能力，减少人工作业的前提下实现自动化处理平台智地响应要求，因此，云系统应内嵌自动化技术；② 面对变化信号或需求信号，云系统要有敏捷的反应能力，所以，对云计算的架构有一定的敏捷要求。与此同时，随着服务级别和增长速度的快速变化，云计算同样面临巨大挑战，而内嵌集群化技术与虚拟化技术能够应对此类变化。云计算平台的体系结构由用户界面、服务目录、管理系统、部署工具、监控和服务器集群组成。

（1）用户界面。主要用于云用户传递信息，是双方互动的界面。

（2）服务目录。顾名思义是提供用户选择的列表。

（3）管理系统。主要对应用价值较高的资源进行管理。

（4）部署工具。能够根据用户请求对资源进行有效的部署与匹配。

（5）监控。主要对云系统上的资源进行管理与控制并制订措施。

（6）服务器集群。服务器集群包括虚拟服务器与物理服务器，隶属管理系统。

2. 资源监控

云系统上的资源数据十分庞大，同时资源信息更新速度快，想要精准、可靠的动态信息需要有效途径确保信息的快捷性。而云系统能够为动态信息进行有效部署，同时兼备资源监控功能，有利于对资源的负载、使用情况进行管理。另外，资源监控作为资源管理的“血液”，对整体系统性能起关键作用，一旦系统资源监管不到位，信息缺乏可靠性，那么其他子系统引用了错误的信息，必然对系统资源的分配造成不利影响。因此，贯彻落实资源监控工作刻不容缓。资源监控过程中，只要在各个云服务器上部署 Agent 代理程序便可进行配置与监管活动，如通过一个监视服务器连接各个云资源服务器，然后以周期为单位将资源的使用情况发送至数据库，由监视服务器综合数据库有效信息对所有资源进行分析，评估资源的可用性，最大限度提高资源信息的有效性。

3. **自动化部署**

科学进步的发展倾向于半自动化操作，实现了出厂即用或简易安装使用。基本上计算资源的可用状态也发生转变，逐渐向自动化部署。对云资源进行自动化部署指的是基于脚本调节的基础上实现不同厂商对于设备工具的自动配置，用以减少人机交互比例、提高应变效率，避免超负荷人工操作等现象的发生，最终推进智能部署进程。自动化部署主要指的是通过自动安装与部署来实现计算资源由原始状态变成可用状态。其于计算中表现为能够划分、部署与安装虚拟资源池中的资源为能够给用户提供各类应用于服务的过程，包括存储、网络、软件以及硬件等。系统资源的部署步骤较多，自动化部署主要是利用脚本调用来自动配置、部署与配置各个厂商设备管理工具，保证在实际调用环节能够采取静默的方式来实现，避免了繁杂的人际交互，让部署过程不再依赖人工操作。除此之外，数据模型与工作流引擎是自动化部署管理工具的重要部分，不容小觑。一般情况下，对于数据模型的管理就是将具体的软硬件定义在数据模型中即可；而工作流引擎指的是触发、调用工作流，以提高智能化部署为目的，善于将不同的脚本流程在较为集中与重复使用率高的工作流数据库当中应用，有利于减轻服务器的工作量。

1.1.7 实现形式

云计算是建立在先进互联网技术基础之上的，其实现形式众多，主要通过以下形式完成。

1. 软件即服务

通常用户发出服务需求，云系统通过浏览器向用户提供资源和程序等。值得一提的是，利用浏览器应用传递服务信息不花费任何费用，供应商也是如此，只要做好应用程序的维护工作即可。

2. 网络服务

开发者能够在 API 的基础上不断改进、开发出新的应用产品，大大提高单机程序中的操作性能。

3. 平台服务

一般服务于开发环境，协助中间商对程序进行升级与研发，同时完善用户下载功能，用户可通过互联网下载，具有快捷、高效的特点。

4. 互联网整合

利用互联网发出指令时，也许同类服务众多，云系统会根据终端用户需求匹配相适应的服务。

5. 商业服务平台

构建商业服务平台的目的是给用户和提供商提供一个沟通平台，从而需要管理服务和软件即服务搭配应用。

6. 管理服务提供商

此种应用模式并不陌生，常服务于 IT 行业，常见服务内容有扫描邮件病毒、监控应用程序环境等。

1.1.8 安全威胁

1. 云计算安全中隐私被窃取

现今，随着时代的发展，人们运用网络进行交易或购物，网上交易在云计算的虚拟环境下进行，交易双方会在网络平台上进行信息之间的沟通与交流。而网络交易存在着很大的安全隐患，不法分子可以通过云计算对网络用户的信息进行窃取，同时还可以在用户与商家进行网络交易时，来窃取用户和商家的信息，当有企图的分子在云计算的平台中窃取信息后，就会采用一些技术手段对信息进行破解，同时对信息进行分析，以此发现用户更多的隐私信息，甚至有企图的不法分子还会通过云计算来盗取用户和商家的信息。

2. 云计算中资源被冒用

云计算的环境有着虚拟的特性，而用户通过云计算在网络交易时，需要在保障双方网络信息都安全时才会进行网络的操作，但是云计算中储存的信息很多，同时在云计算中的环境也比较复杂，云计算中的数据会出现滥用的现象，这样会影响用户的信息安全，同时造成一些不法分子利用被盗用的信息进行欺骗用户亲人的行为，同时还有一些不法分子会利用在云计算中盗用的信息进行违法的交易，以此造成云计算中用户的经济遭到损失，这些都是云计算信息被冒用引起的，同时这些都严重威胁了云计算的安全。

3. 云计算中容易出现黑客的攻击

黑客攻击指的是利用一些非法的手段进入云计算的安全系统，给云计算的安全网络带来一定的破坏的行为，黑客入侵到云计算后，给云计算的操作带来未知性，同时造成的损失也很大，且造成的损失无法预测，所以，黑客入侵给云计算带来的危害大于病毒给云计算带来的危害。此外，黑客入侵的速度远大于安全评估和安全系统的更新速度，使得当今黑客入侵计算机后，给云计算带来巨大的损失，同时，技术也无法对黑客攻击进行预防，这也是造成当今云计算不安全的问题之一。

4. 云计算中容易出现病毒

在云计算中，大量的用户通过云计算将数据存储到其中，这时当大量云计算出现异常时，就会出现病毒，这些病毒的出现会导致以云计算为载体的计算机无法正常工作的现象，同时这些病毒还能进行复制，并通过一些途径进行传播，这样就会导致为云计算为载体的计算机出现死机的现象，同时，因为互联网的传播速度很快，导致云计算或计算机一旦出现病毒，就会很快地进行传播，这样会产生很大的攻击力。

1.1.9 IT 环境组成及软件要求

当今，任何一个企业，不管大小，都要采用计算机来处理日常事务，如写文档、做表格、发邮件、管理库存、管理客户……为此，企业需要建设计算机网络，购买计算机设备，安装各种平台软件和应用软件。随着公司的发展壮大，企业里的计算机网络会变得越来越复杂，计算机设备越来越多，安装的软件五花八门，到后来各种问题就出现了，如病毒肆掠、数据丢失、客户流失、源代码被盗、网速下降、数据孤岛难以共享、运维复杂等。为了搞清楚企业里复杂的 IT 环境结构，我们假设一家投资 8000 万元的公司诞生了，他们购买了一栋办公楼，现在需要计算机工程师们把 IT 应用环境搭建起来。工程师们拟订了如下的工作计划：

（1）机房基础建设。包括机房选址、装修、供电、温湿度控制、监控、门禁等。

（2）组建计算机网络。包括大楼综合布线、机柜安装、网络设备购买安装和调试。

（3）安装存储磁盘柜。

（4）购买和配置服务器，注意还可能是虚拟出来的服务器。

（5）安装操作系统。

（6）安装数据库。

（7）安装各种中间件和运行库。

（8）安装各种应用软件。

（9）导入公司的初始化业务数据。

至此，公司的整体 IT 应用环境搭建完毕，员工就可以入驻办公了。根据上面的工作计划，我们可以很容易地总结出企业 IT 应用环境的逻辑层次结构。

一个典型的 IT 应用环境从逻辑上分为九层，施工时也是严格按照从第一层到第九层的顺序进行的，这就是所谓的“竖井”式施工。其中第 1 ~ 4 层可归属于基础设施层，第 5 ~ 7 层可归属于平台软件层。九层归并之后分成四层结构，分别是基础设施层、平台软件层、应用软件层和数据信息层，IT 应用环境的四层结构是最为普遍并被广泛接受的划分方法。在后续章节中，我们将采用这四层结构展开讨论。

基础设施层、平台软件层、应用软件层可以进一步归并到 T（Technology 的首字母，表示技术），而数据信息层就是 I（Information 的首字母，表示信息）了，这就是 IT 的含义。对于一家企业而言，随着时间的推移，积累的数据信息会越来越多，数据信息是企业的宝贵资产，甚至是关乎企业生死存亡的最重要财富，如果数据丢失，80%的企业要倒闭。此话并非危言耸听。信息是目的，技术只是手段，如果一家企业没有业务数据需要处理，那么花大量资金组建基础设施层、平台软件层、应用软件层又有什么意义呢?

记住：IT 就是信息（Information）与技术（Technology），其中 I 是目的，T 是手段，T 是用来加工处理 I 的。T 广义上还包括企业中的计算机技术人员，所以，在一家企业中，计算机技术人员永远是配角，他们应当放低自己的姿态，谦卑随和，要学会和他人沟通。

下面重点介绍平台软件层的作用。很多非计算机专业人士对平台软件难以理解，平台软件存在的唯一理由就是让应用软件能在计算机上运行。比如，要想使用 QQ 这个应用软件，必须先安装操作系统（如 Windows 8），QQ 需要的运行库在安装操作系统的时候自动安装了，然后才可以安装并运行 QQ 和朋友聊天。

在操作系统台上再搭中间件、运行库和数据库三个“台”，最后在最上层放置应用软件，不过中间件可能还需要运行库和数据库的支撑，数据库可能还需要运行库的支撑。并不是每个应用软件都要同时压在中间件、运行库和数据库三个“台”上，有的应用软件只需要运行库（如 QQ），有的只需要中间件，有的同时需要运行库和数据库，但是不需要运行库的应用软件很少。

运行库有点像电工人员的工具袋，里面有螺丝旋具、电笔、老虎钳、剥线钳等，应用软件在运行时需要使用各种小工具（术语叫系统库函数），操作系统提供了绝大多数常用的小工具，并分门别类地保存在硬盘的文件中。Windows 操作系统中以.dll 为扩展名的文件，通常保存在 C：/Windows/System32 下（如文件 GDI32.dll 就是 QQ 软件运行时要用到的工具箱之一，如果把此文件删除，那么 QQ 运行就会出错），Linux 操作系统中一般以.so 作为扩展名，保存在 b 下。不同操作系统提供的“工具”和使用方法也不同，所以能在 Windows 上运行的应用软件不能在 Linux 上运行，也不能在苹果计算机的 Macintosh 操作系统上运行，反之亦然。为此，应用软件开发商会针对不同的操作系统发行不同的软件版本，如腾讯公司开发的 QQ，目前就有四种版本，分别针对 Windows、Linux、MAC OS（苹果操作系统）和 Andriod 操作系统。

中间件是技术含义很强的概念，在家庭和个人计算机上很少用到它，在企业里使用很普遍。中间件也就是中间软件的意思，为一类软件的统称，“中间”包含两方面的含义：一是指处于操作系统和应用软件之间；二是指介于应用软件与应用软件之间，目的是隐藏差异以便共享资源和通信。有点类似电源插座面板，不管插座里面是什么构造，面板上插接孔都是一样的，这样插座面板一方面隐藏了插座内部结构，另一方面能接插所有的电源插头。

软件就是程序员写的需要 CPU 执行以便完成某项任务的步骤，这些步骤包括输入/输出步骤和计算步骤。而 CPU 在执行输入/输出步骤的时候需要使用输入/输出设备，在执行计算步骤的时候需要使用计算设备。对于普通的计算机来说，计算设备指 CPU、内存和硬盘，输入/输出设备指键盘、鼠标、显示器、话筒和音箱。对于传统的个人计算机，计算设备和输入/输出设备通过主板连接在一起，也就是说有了主板这个纽带，计算设备和输入/输出设备就可以协同工作了。

一个软件在执行的时候，如果用到的输入/输出设备和计算设备被计算机网络分隔开来，那么这样的软件执行过程就叫云计算。“输入/输出设备和计算设备被计算机网络分隔开来”也可以理解为“计算机网络把输入/输出设备和计算设备连接在一起”，表述不同但意思相同，这一点与传统计算机采用主板连接输入/输出设备和计算设备完全不同。这里要重点理解以下几个方面。

（1）执行软件就是把软件从硬盘读到内存并由 CPU 按照软件里面定义好的步骤一步一步地执行。

（2）输入/输出设备和计算设备被计算机网络分隔开来，换句话说就是输入/输出设备和计算设备不再是通过主板连接在一起，而是通过计算机网络连接在一起，即双方都拥有唯一的计算机网络地址，且通过收发数据包的形式（类似通过邮局寄信）进行通信。输入/输出设备和计算设备在地理位置上可能挨得很近，也可能相隔千山万水，如输入/输出设备在中国的广州，计算设备却在美国的纽约。

（3）云计算也可简述为输入/输出设备和计算设备分离的软件执行过程，体现动态性。“执行”口语化浓厚，“计算”学术化较强，其实二者表达的意义是相同的，所以云计算也可以称为云执行。

（4）云计算是针对软件执行而言的，与计算机的具体结构无关，也与软件本身关系不大。在传统计算机上执行一个软件，也可能是云计算，只是它使用的输入/输出设备不是本机的，而是位于计算机网络上的输入/输出设备。同样一个软件可以被多次执行，有时执行过程是云计算，有时又可能是非云计算，如运行我自己计算机上的计算器，此时是非云计算，但如果我的一个朋友从美国登录我的计算机并运行里面的计算器，那么此时就是云计算（我计算机上的 CPU、内存成了计算设备，美国朋友的键盘、鼠标、显示器成了输入/输出设备），尽管我和美国的朋友执行的是同一个软件——计算器。

（5）输入设备和输出设备不一定位于同一个地方，如键盘、鼠标在中国，计算设备在英国，而输出设备在美国。典型的例子：英国的科学家通过中国的云端控制远在美国的一个智能机械手臂。

前面讲过“计算”和“执行”的意义相同，云计算也可以称为云执行。那么怎么来理解“云”呢？在 IT 行业，工程师们在相互讨论或者向用户介绍 IT 项目时，对于双方都不关心的组成部分，喜欢画一朵像白云一样的东西来代替。最常见的例子就是画计算机网络图了，对于电信管理的广域网是如何联网的，我们并不关心，我们只关心申请的宽带带宽是多少、时延大不大，于是总是喜欢画一朵云来表示电信的计算机网络（也称为广域网、或因特网或 Internet 网）。

只要用计算机发出去的消息，通过因特网才能到达对方的计算机，就认为对方在云端——在计算机网络这朵云的另一端。在如今的互联网时代，正是这朵因特网云把大家紧紧地联系在一起，每个人相对其他人来说都是在云的另一端。

“云计算”中的“云”就是指计算机网络，因此，有人称云计算为网络计算、网格计算等，云计算就是说计算设备在计算机网络中，而输入/输出设备在我的身边（办公桌上或者手里）。位于计算机网络中的计算设备通常称为云端，位于人们身边的输入/输出设备通常称为终端，终端需要“落地”（放在办公桌面上、拿在手里、穿在身上、戴在头上、背在肩上），云端需要

“升天”，位于网络这朵“云”上。云端的形成首先需要将资源整合并云化，再漂浮在网络这朵“云”上，最后才能惠及千家万户。这像极了自然界云的形成：地表水汽化升天，然后凝集成云漂浮上空，最后下雨恩泽世上万物。

情景描述：我站在输入/输出设备的旁边，遥望上空的计算机网络，只知道网络的某个角落里隐藏着计算设备，那里的 CPU 速度是无限的，那里的内存是用不完的，那里的硬盘容量谁也不知道到底有多大，总之一句话，那是个流着“奶和蜜”的地方。我还知道有很多人和我一样正在使用那里的计算设备，他们在身边的键盘上输入东西，然后在眼前的屏幕上看到了希望看到的结果。这个月，只要你愿意付更多的租金，你就可以得到更快的 CPU 速度、更多的内存和更大的硬盘空间。下个月，大部分需要计算机处理的任务完成了，你可以降低租金，从而减少计算资源，最终节省成本。

1.1.10 云计算简单实例

下面所举的全部例子都是云计算。

（1）用谷歌搜索关键字“从上海到南京的大巴”。在键盘上输入这个关键字，然后单击“搜索”按钮，马上返回很多搜索的结果。搜索软件运行在谷歌公司的计算机上（位于云的另一端），这个软件从世界各地的键盘上接收需要搜索的关键字，然后计算（在亿万个网页中查找），最后把搜索结果反馈到人们的计算机屏幕上。

（2）在爱奇艺上看电影。进入爱奇艺网站，用鼠标点击喜欢的电影，然后就可以在线观看。电影以文件的形式存放在爱奇艺公司的服务器硬盘里，那里的播放软件不断从硬盘读取和解码影片帧，并源源不断地输出到观众面前的计算机屏幕上。

（3）处理微博。登录新浪微博，然后就可以浏览和撰写微博了。微博信息和个人资料保存在新浪公司的计算机硬盘里，那里有一个软件负责保存你写的微博、从硬盘里读取你关注的人的微博并显示在你的计算机屏幕上、读取你的鼠标动作并做相应处理。

（4）浏览凤凰网新闻。打开凤凰网网站，然后通过滚动鼠标滚轮上下翻动新闻栏目，点击感兴趣的新闻标题可以阅读具体的内容。新闻信息保存在凤凰卫视公司的计算机硬盘里，那里运行着一个软件，根据网友的输入（敲键盘或者点鼠标）从硬盘读取相应的新闻信息并输出到他的计算机屏幕上。

（5）使用网易邮箱。登录到网易邮箱网站，输入用户名和密码进入你的邮箱，然后就可以进行单击新的邮件阅读、回复邮件、删除邮件等操作。邮件内容被保存在网易公司的计算机硬盘里，那里同时运行着一个软件，这个软件根据用户的输入做相应的操作，并把操作结果显示在用户的计算机屏幕上。

（6）创维健康云电视。把电视接入宽带，使用遥控器进入酷开，然后就可以点播里面的音/视频内容了。云端在创维公司，那里保存了大量的音/视频节目，且专门有软件在那里运行，负责接收用户的输入，然后调出相应的音/视频文件，并源源不断地输出到用户面前的电视机上。电视本身只是个终端——输入/输出设备。输入/输出设备一定需要创维公司的云端配合，才能成为完整的云电视系统。

物联网和大数据是在云计算的基础上发展而来的，可以说是云计算的延伸和增值应用。云端为大数据提供了足够的计算资源、海量数据和几乎无限的存储空间，大数据的一个重要特征是在海量数据上做定性分析，如埃博拉病毒在广州爆发的概率 2015 年是 10%，大数据具备一定的“智慧”，而传统数据处理都是在少量数据上做定量分析。物联网包裹在计算机网络的外围，物联网中的“物”可以看作是云计算的终端，物联网给大数据提供了丰富的数据来源。通过云计算相“联”的“物”组成物联网。

物联网、云计算和大数据又是人工智能诞生的摇篮，人工智能的典型产品机器人只有在大数据的基础上才能履行部分原来只有人类才能完成的工作，离开云计算和大数据，机器人就成了没有灵魂的躯壳，或者只有少量的“智慧”，如曾经的专家系统昙花一现，就是一个活生生的例子。2013 年开始热炒的另一个概念是“智慧城市”“智慧城市”其实就是一个城市使用了若干个云应用而已，IBM 发明了一个更宏伟的概念叫“智慧地球”，都不是新东西，只是云计算的具体应用罢了。

1.1.11 云技术的优势

云计算与传统的计算机系统相比具有明显的优势，为了描述清楚这种优势，请看下面的情景案例。

我是某公司的王老板，员工人数在 20 人以上，其中三分之二的人需要用计算机办公，公司会用到下面的软件系统。

（1）Word/Excel/PowerPoint：用于处理文字材料、电子表格和制作并演示 PPT 给客户观看。需要购买微软或者金山的 WPS 办公软件。

（2）办公自动化软件：用于公司内部语音通话、视频会议、消息通信、审批自动流转、文件转发、收发传真等。

（3）建立公司的宣传网站：如网站域名是 www.weisuan.com，

上下游公司都可以通过公司的网站了解我们的业务、反馈意见和建议，公司的重大新闻也要发布在网站上。公司网站就是公司的窗口和门户，一定要设计得专业、美观，而且紧扣公司的主营业务，可以参考苹果公司的网站布局。

（4）公司邮件系统：我们要为每个员工分配一个公司邮箱地址，类似××××@weisuan.com 格式，邮箱地址后缀统一为公司的域名，都印在员工的名片上，名片上绝不印上免费的邮箱地址，因为我自己也清楚，一家公司如果连自己的邮件系统都没有，那绝对是一家小公司。

（5）ERP 系统：主要用来管理进、销、存和生产、财务、人事等，打通各个部门的业务数据通道，引入一系列的业务流程，最终目的就是降低库存，留住和挖掘客户资源，加快资金周转，减少人力成本。ERP 系统安装复杂、价格昂贵、日常管理工作量大。公司从小规模开始使用比做大后使用 ERP 效果更好，等公司做大了再上 ERP 很容易失败。

（6）产品数据管理软件：公司的产品线多，涉及成千上万的零部件，而且每个零部件又有几十个版本，所以，我们不得不采用专门的产品数据管理软件来管理大量的产品数据，自从采用它以来，产品研发周期明显缩短，而且版本控制有条不紊。

（7）AutoCAD/Photoshop/Solidworks/Candence：我们必须要用这些专业的产品设计工具，而正版软件的价格异常昂贵，每年还要升级费用，公司大了，不敢用盗版软件，否则法律风险很高。

（8）产品可靠性工程管理软件：为了提高公司产品的可靠性，我们必须使用这种软件，但是我知道，这样的软件价格都在百万元人民币以上。

另外，我还有如下的要求。

（1）公司内部的资料在员工没有授权的情况下不能带出公司，必须严格保护公司的知识资产，这些知识资产包括各种文档资料、图纸、源代码、产品数据等。

（2）员工出差时也可以随时访问公司内部的 ERP 等系统，即做到移动办公。

（3）要求公司的网站、邮件系统和 ERP 系统不关机，也就是一年 365 天，每天 24h 运行，允许员工和客户随时访问。

（4）严格控制购买计算机和软件的成本，以及日常的运行维护成本，包括电费和计算机工程师的人力成本，钱都要用在刀刃上。

（5）要求采用最先进的版本的软件，如产品设计软件、ERP 等，我深刻懂得“工欲善其事，必先利其器”的道理。

为了满足我的需求，参照如下方式行事，公司规模不同，方案也不同。

（1）假如公司是一家小型公司，员工人数在 200 人以内。

1）组建私有办公云：购买两台服务器做成相互镜像的云计算中心，每个办公桌上放置一台云终端，给需要的员工每人一个云计算账号和密码。各种软件（如办公软件、产品设计软件等）都安装在服务器上并且在服务器上运行，公司全部的文档资料也放在服务器上。云终端是纯硬件设备，里面不用安装 Windows 和各种应用软件。两台服务器互为备份，所以坏了一台也不会影响员工办公。

这样做的好处有：购买计算机设备的成本低很多；只要购买一套正版软件，节约的软件费用非常可观；终端折旧周期长（8 年以上），耗电极低，不容易出故障；数据资料复制不走，云终端的 U 盘的插口做成只能复制进去不能复制出来，数据资料集中存放在服务器上；便于移动办公，员工可以在任何一台终端上登录云计算中心并办公；计算机的日常维护工作量小，只要维护好两台服务器即可；不容易感染病毒；出差在外也可以轻松访问云端，实现移动办公。

2）租用公共云上的 ERP 软件、产品数据管理软件和可靠性工程软件等，前提是有这些软件的 SaaS 云运营商。这些软件价格昂贵，如果单独购买安装在公司内部，我们小公司没有这个资金实力，但是租用使用权我们还是乐意的。按账号每月收费，我租了 10 个 ERP 账号、3 个产品数据管理系统的账号和 2 个可靠性工程软件账号，先付了一年的租金，总金额不到 3 万元。员工使用租来的账号和密码登录公共云，就可以使用那里的软件，数据也放在云中。公共云是从不关机的，所以，我们可以随时随地访问 ERP 系统、产品数据管理系统和可靠性工程系统。

这样做的好处：

小公司也可以使用以前只有大公司才用得起的大型软件系统，从而提高了小公司的竞争力；不用费心去日常管理这些系统；不用购买服务器来安装这些系统；省去了不少的电费。

3）租用公共云上的一台虚拟机专门运行公司网站和邮件系统，每年租金 2000 元，虚拟机从不关机，满足了我们的要求：网站和邮件系统随时可用。

如果我的公司之前是用普通计算机办公，那么我就慢慢实施私有办公云，以后计算机淘汰后就替换成云终端，这样公司的计算机随着时间的推移就会慢慢减少，而云终端就会慢慢增多。

对于一家员工人数在 200～500 之间的中型公司，方案与上面的大致一样，只不过组建私有办公云时购买 4～8 台服务器，租用更多的公共云账号。

（2）假如公司是一家大型公司，员工人数在 500 人以上。

购买更多的服务器组建私有办公云。设计成可伸缩的私有云计算中心，服务器随着办公人数的变化而睡眠或者唤醒，如晚上加班的人数少，大部分服务器就睡眠，早上随着上班人数的不断增加，更多的服务器被不断唤醒。另外，还要考虑一定数目的备份服务器，允许坏 5 台服务器而不会影响办公。还要对服务器做裸机划分，不同的部门使用不同的服务器群，这样容易做安全控制。

这样做的好处：

公司的各种文档资料能得到很好保全，包括产品图纸、源代码、合同文本、客户资料等。就像波音公司那样，产品设计工程师全部采用云终端来完成产品设计，图纸是根本复制不走的。

极大地降低了 IT 的投入，包括硬件的采购成本、软件的采购和升级费用、日常运行维护成本和计算机工程师的人力成本；极大地提高了电子化办公的可靠性和稳定性，传统的采用台式机办公普遍存在各种不稳定的因素，如病毒入侵、不正常关机导致计算机软件破坏、计算机硬件故障、软件安装配置不正常、数据丢失等。而采用私有办公云，这一切的问题都不复存在了。安装和升级软件极其方便，只要在服务器上操作即可，众多的云终端根本不用管。我知道，大公司会使用数百个各种各样的软件，如果这些软件都要安装在每个员工的每台计算机上，那么工作量是可想而知的。便于做安全控制，如局域网接入认证、用户上网行为控制、日志登记、员工桌面监控、外发邮件监控、病毒查杀和入侵检测等。实现移动办公，员工可以在公司内部的任何一台云终端上使用自己的账号登录云计算中心办公，员工与计算机不再一一绑定。尤其是跨地区的集团公司，移动办公更能体现其优势。通过配置 VPN 接入，轻松实现出差在外的员工登录公司内部的云计算中心。IT 日常运维工作变得异常简单，只要维护好云计算中心即可，从而可以减少大量的计算机运维工程师。购买服务器做成集群，运行公司自己的 ERP 系统、产品数据管理系统、网站系统、邮件系统，以及其他的大型应用系统，在运行能力富余的情况下，我公司还可以对外出租账号，让其他的中小型公司租用。

这样公司能灵活控制这些系统；方便积淀各种数据并做大数据分析。对外出租 SaaS 账号相比纯粹的公有云运营商更贴近用户的需求，因为自己的公司本身就在使用这些系统。

1.2 云技术现有应用

1.2.1 家庭私有云

现代很多家庭购买了多台电视、多台电脑以及各种手持设备（如平板电脑、智能手机等），屏幕大小覆盖从 3 英寸到 50 英寸的范围。我一边工作着，一边被数据共享烦扰着：别人共享在微信的大片不能很快切换到电视上，计算机上的照片不能灵活地通过手机微信发出去，笔记本上编译过的程序没法快速在台式机上运行，一句话，各种设备是孤立的，数据共享成了大问题，计算资源共享更无从谈起。

家庭私有云是解决这些问题的最好办法，建一个微型云端。其他设备都转换为云终端，通过一台无线路由器连接两“端”，软件和数据都在云端，而且其他的智能家电都可以接入云端，且能轻松实现远程控制——人在办公室就可以通过手机等遥控家里的设备，如开空调、电饭煲等。

云端最好不关机，人不在的时候可以安排录制电视节目，人在外面可以通过它控制家电，所以理想的云端应采用嵌入式硬件、功耗低、静音运行、可靠稳定，且消耗的功耗与正在使用的人数成正比，当没人用的时候自动睡眠。有了家庭微型云端后我们可以进一步建立家庭电子图书馆、影视库等，还可以引入温湿度、室内空气检测，以及监控设备，构造全方位舒适安全的家居环境。

与传统的以计算机为主的办公环境相比，私有办公云具备更多的优势，如：

（1）建设成本和使用成本低。

（2）维护更容易。

（3）云终端是纯硬件产品，可靠稳定且折旧周期长。

（4）由于数据集中存放在云端，这样更容易保全企业的知识资产。

（5）能实现移动办公，员工能在任何一台云终端上使用自己的账号登录云端办公。

另外，对于一个小企业（员工数少于 100 人），采用两台服务器做云端，办公软件安装在服务器上，数据资料也存放在服务器上。通过有线或无线网络连接到办公终端，每个员工分配一个账号即可。员工随便在哪台终端都可以用他自己的账号登录云端办公。

1.2.2 企业私有办公云

与传统的以计算机为主的办公环境相比，私有办公云具备更多的优势，如：建设成本和使用成本低。维护更容易。云终端是纯硬件产品，可靠稳定且折旧周期长。由于数据集中存放在云端，更容易保全企业的知识资产。能实现移动办公，员工能在任何一台云终端上使用自己的账号登录云端办公。

（1）企业应用云。ERP（企业资源计划）、CRM（客户关系管理）、SCM（供应链管理）等企业应用软件是现代企业的必备软件，代表着企业研发、采购、生产、销售和管理的流程化和现代化。如果园区内每家企业单独购买这些软件，则价格昂贵、实施困难、运维复杂、二次开发难度大，但经过云化后部署于云端，企业按需租用，价格低廉，则所有难题迎刃而解。

（2）电子商务云。为了覆盖尽量长的产业链条，引入电子商务云，一方面对内可以打通上下游企业的信息通路，整合产业链条上的相关资源，从而降低交易成本；另一方面对外形成统一的门户和宣传口径，避免内部恶意竞争，进而形成凝聚力一致对外，这对于营销网络建设、强化市场开拓、整体塑造园区品牌形象具有重大意义。

（3）移动办公云。在园区内部署移动办公云，使园区内企业以低廉的价格便可达到使用正版软件、企业知识资产得以保全、随时随地办公、企业 IT 投入大幅度下降、应用部署快速、从繁重的 IT 运维中解脱出来并专注于自己的核心业务的目的。

（4）数据存储云。如果关键数据丢失，80%的企业要倒闭，这已经是业界的共识。在园区部署数据存储云（必要时建立异地灾备中心），以数据块或文件的形式通过在线或离线手段存储企业的各种加密或解密的业务数据，并建立数据回溯机制，可以规避如下事故导致的企业数据丢失或泄密风险：存储设备毁坏、电脑被盗、发生火灾、发生水灾、房子倒塌、地震、战争、雷击、误删数据等。

（5）高性能计算云。新产品开发、场景模拟、工艺改进等往往涉及模拟实验、数学建模等需要大量计算的子项目，如果单靠单台电脑，一次计算过程往往会耗费很长时间，而且失败率居高不下。相反，园区统一引入高性能计算云和 3D 打印设备，出租给需要的企业，从而可加快产品迭代的步伐。

（6）教育培训云。抽取当前各个企业培训的共性部分形成教育培训公共云平台，实现现场和远程培训相结合，一方面能最大限度地减少教育培训方面的重复建设，降低企业对新员工和新业务的培训投入，加强校企合作，集中优良师资和培训条件，教育培训效果事半功倍；另一方面又能通过网络快速实现“送教下乡”。

构建园区云能够大幅度提升园区服务管理水平，积极影响潜在入园企业，提高入园企业满意度，促进孵化企业成长步伐，达到“企业进得来、留得住、发展快”的效果。

1.2.3　医疗云

医疗云的核心是以全民电子健康档案为基础，建立覆盖医疗卫生体系的信息共享平台，打破各个医疗机构信息孤岛现象，同时围绕居民的健康关怀提供统一的健康业务部署，建立远程医疗系统尤其使得千千万万的缺医少药的农村受惠。依托医疗云，可以在人口密集居住区增设各种体检自助终端，自助终端甚至可以进入家庭。建立医疗云利国利民，其重大意义归纳如下。

（1）对于国家公共卫生服务管理部门：有利于公共卫生业务联动工作；有利于疾病预防与控制管理；有利于突发公共卫生事件处理；便于开展公共卫生服务；有利于资源整合、减少重复投资，甚至可以把检查检验功能独立开来，专门成立第三方机构；便于实现跨业务跨系统的数据共享利用。

（2）对于医疗卫生服务机构：有利于提高医疗服务的质量；有利于节省患者支出，缓解群众看病贵的问题；便于争抢生命绿色通道的"黄金时间"；有利于充分共享医疗资源。

（3）对于社区卫生服务站：有利于开展"六位一体"业务；有利于开展健康干预跟踪服务。

（4）对于个人：能减少重复的检查检验开支；便于"移动"（转院、跨地区等）治病；通过远程医疗系统便于享受优质的医疗服务；医疗云结合大数据就能预测个人的疾病，所以能提前预防重大疾病的发生。

1.2.4 公民档案云

我国基于纸质档案和户口的管理体系极其落后，消耗了大量的社会成本。只要经历过档案调动或户口迁移的人都是苦不堪言，长途奔波、数月折腾、求人又受气、费时费财费精力。如果由中央政府牵头建立和运营全国性的公民档案云，全部纸质材料电子化后集中存放云中，再辅以公民的指纹数据，并给每个公民发放一对独一无二的公/私钥，而且还可以纳入公民和企业的诚信信息、学历资料等。个人和企事业单位通过安装 App 后就能查阅授权的资料。这才是真正的功在当代利在千秋的工程。有了这个公民档案云后，以下的事情将变得异常简单。

（1）人口普查。通过简单查询就可以按各种口径统计人口信息。

（2）档案调动。

（3）户口迁移。不过户口迟早会取消。

（4）诚信信息检索。

（5）户口注册和注销。

（6）简历查阅。

（7）公共决策。通过大数据分析，可以为许多公共决策提供依据。

（8）电子材料数字签名。利用自己的私钥签名，接收方利用公钥验证，无人能冒充。

（9）血型、器官移植匹配。

1.2.5 卫生保健云

不同于医疗云，卫生保健云侧重于个人、家庭、家族的卫生、保健、饮食、作息等信息的收集、存储、加工、咨询以及预测等，重在关怀国民的身体状况，覆盖从出生到死亡全过程。建设主体也是中央政府，为国家层面的民生项目。鼓励企业开发各种体检和检验终端设备，如智能手环、家庭简易体检仪、小区自助体检亭、老人和小孩定位器、监护仪等。体检终端设备发放到千家万户，实时收集身体状况数据，云端程序 7×24h 监测这些数据，并及时把分析结果发到国民的云终端设备上。当沉淀了大量保健数据后就可以采用大数据来做各种定性分析了，如疾病预测、饮食建议、流行病预测控制等。卫生保健云可与医疗云、公民档案云建立联动。

1.2.6 教育云

构建教育云是一个庞大的系统工程，由一个国家层面的公共教育云和成千上万的学校私有教育云组成，而且私有教育云建设要先行启动，教育管理部门制订标准，由各个学校自己主导建设。公共教育云应由中央政府牵头完成，承载共性教育资源和标杆教育资源，同时作为连接各个私有教育云的纽带。各个学校的私有教育云承载各种的特色资源，履行“教”与“学”的具体任务。每个学校运营自己的私有云端，而云终端发放到每个老师和学生的手上，形态上可以是固定云终端（放置在老师办公室、机房、多媒体教室、图书馆的多媒体阅览室等）、移动云终端（给老师和学生）、移动固定两用云终端以及多屏云终端。云端和云终端通过校园高速光纤互联在一起。

新生注册时为每个人分配一个云端账号和一台手持云终端，一个账号对应一个虚拟云桌面，学生毕业后回收其云端资源。在机房、宿舍、图书馆等场所，只要坐下来，就可以把手持设备插入固定云终端，然后就可以使用大键盘和大屏幕了。手持设备也可以单独接入云端。与传统的非教育云相比，学校采用私有教育云的好处如下：

（1）移动教学。不管师生在哪里，都能登录自己的云端桌面。

（2）延续实验。由于同学都有自己独有的虚拟机，跨节次的实验不会被中断。

（3）远程教学。教师能选择云端的任何学生的云桌面并广播课件。

（4）规范学生用机行为。能轻松控制学生可以安装和使用的软件，杜绝学生沉迷游戏。

（5）便于资源共享。

（6）便于学生积淀学习笔记和素材。

（7）便于计算机学生云中开发。

（8）轻松实现高性能计算。如科学研究、动漫渲染、游戏开发、虚拟现实模拟等。

1.2.7 交通云

交通云将车辆监控、路况监视、驾驶员行为习惯等错综复杂的信息，集中到云计算平台进行处理和分析，并能推送到云终端。建立一套信息化、智能化、社会化的交通信息服务系统，使国家交通设施发挥最大效能。可以为每位驾驶员和每辆机动车建立档案，收集车辆位置、车况、车内空气、车辆保养、车辆维修、司机驾驶行为等信息，经过云计算处理后，一方面把结果（如交通路况、驾驶提醒、保养提醒等）反馈给司机和他的家人，另一方面利用大数据分析，预测车辆故障和交通事故的发生，提前做好预防，这将大大减少交通事故和人员伤亡。同时交警、汽车厂商、保险公司、维修部、汽车俱乐部等部门通过交通云都能获取相应的信息。

1.2.8 出行云

涵盖天气、地图、公共交通、景点、人文风俗、酒店、特产等信息资源，覆盖人们的旅游、度假、出差、探亲等活动。出行云应该算是 DaaS 公共云，通过安装 App 呈现到人们的云终端设备上。出行云重在对出行在外的人施以关怀，而且建立与其家人的多方式联系和互动，覆盖行前、行中、行后三个阶段，在积累一定量的数据之后运用大数据分析人们的喜好和行为习惯，在合理的时间向其推送合理的建议，使人感觉到出行云是他的导游、生活顾问、仆人、朋友。

1.2.9 购物云

购物的过程和目的都是体验，最理想的体验就是在正确的时间以合理的价格买到称心如意的商品且符合自己预期的使用目标。一次完整购物消费过程包括 8 个阶段：产生需求→形成心理价位→选择商品→付钱购买→接收商品→使用商品→售后服务→用完回收。每个阶段都是一个选择、分享和评价的过程。购物云必须完全覆盖这 8 个阶段，且在每个阶段灵活引入相应的关怀和分享机制，如：

（1）购物云咨询其他云（如公民档案云、卫生保健云等）科学预测用户的需求，并在最合理的时间点提醒用户需要购买什么商品。

（2）咨询其他云从而合理计算出用户购物的心理价位区间。

（3）选择商品时用户只需采用自然语言说出需求信息，购物云就会返回满足需求的商品列表，并且通过虚拟现实技术给用户建模，让他“进入”云中体验商品，比如试穿衣服、触摸家具等。现实中的人们和我观看云中的“我”试用商品的情景，我也可以观看云中的其他人试用商品的情景，并且可以分享各自的观点，这比实体店购物体验更好。

1.2.10 农村农业云

城乡巨大的数字化鸿沟已经引起中国政府的高度重视，在信息化时代，没有网络的地方就是与世隔绝，就是新的井底之蛙。信息不流畅必定导致物流不流畅，物流不流畅的必然结果就是阻碍市场交换，影响百姓生活。这几年出现“农民有菜卖不出、市民吃菜买不起”的现象就是活生生的教训，农民养的是本地鸡，下的可是全球蛋，一根网线通天下。农民对互联网不是没有需求，而是客观条件限制了他们的需求诉求：农民计算机知识匮乏、计算机售后服务缺位、环境恶劣（电压不稳定、无地线、多雷击、气候潮湿、冬冷夏热、鼠害严重、卫生条件差等）等。

云计算是解决这些问题进而推进农村农业信息化建设的最佳手段——软件上移云端，很少出故障的纯硬件的云终端进入农村家庭，这样就能降低使用难度、减少故障发生率。建设农村农业云，可概括为“三化”：软件云化、终端固化、操作傻瓜化。一个典型的云计算模型是在县级或者市级建设一个云中心，通过光缆链接到各行政村，再通过有线或无线方式接到云终端。

农村农业云端上收到县或市级政府，由专业技术人员管理，云端安装常用的软件，存放各种涉农教育音视频资料，并为每个用户开辟存储空间，用于存放用户自己的配置和信息数据。云中心建设严格遵循可伸缩性原则，由小变大，规模由用户数来驱动。

1.2.11 高性能计算云

把云端成千上万台服务器联合起来，组成高性能计算集群，承载中型、大型、特大型计算任务。具体如下。

（1）科学计算：解决科学研究和工程技术中所遇到的大规模数学计算问题，可广泛应用于数学、物理、天文、气象、物理、化学、材料、生物、流体力学等学科领域。

（2）建模与仿真：包括自然界的生物建模和仿真、社会群体建模和仿真、进化建模和仿真等。

（3）工程模拟：如核爆炸模拟、风洞模拟、碰撞模拟等。

（4）图形渲染：应用领域有 3D 游戏、电影电视特效、动画制作、建筑设计、室内装潢等可视化设计。

1.2.12 人工智能云

以其他云为基础，诞生的人工智能云可以算是人类追求的终极目标，它具备浩如烟海的知识，具备人的智慧、人的情感和超强的运算速度，它能学习，能推理，能和人类进行语言互动，它还会做科学研究，它的触角深入到人类生活的方方面面（如果把各种传感终端当作触角的话），它改变并影响每个人的日常生活、学习和工作习惯——它监视每个人的身心健康、饮食习惯，并能做出疾病预测。它是全球性的公有云，每个国家都在为它贡献自己的力量，不断完善它的算法，充实它的知识，规范它的行为。在它的笼罩下，地球真正变成了一个村子，人们交流无障碍，这里的人充满良善、爱心和慈悲心。

1.2.13 IDC 云

IDC 云是在 IDC 原有数据中心的基础上，加入更多云的基因，如系统虚拟化技术、自动化管理技术和智慧的能源监控技术等。通过 IDC 的云平台，用户能够使用到虚拟机和存储等资源。另外，IDC 可通过引入新的云技术来提供许多新的具有一定附加值的服务，如 PaaS 等。现在已成型的 IDC 云有 Linode 和 Rackspace 等。

1.2.14　虚拟桌面云

虚拟桌面云可以解决传统桌面系统高成本的问题，其利用了现在成熟的桌面虚拟化技术，更加稳定和灵活，而且系统管理员可以统一地管理用户在服务器端的桌面环境，该技术比较适合那些需要使用大量桌面系统的企业。

1.2.15　开发测试云

开发测试云可以解决开发测试过程中的棘手问题，其通过友好的 Web 界面，可以预约、部署、管理和回收整个开发测试的环境，通过预先配置好（包括操作系统、中间件和开发测试软件）的虚拟镜像来快速地构建各种异构的开发测试环境，通过快速备份/恢复等虚拟化技术来重现问题，并利用云的强大的计算能力来对应用进行压力测试，比较适合那些需要开发和测试多种应用的组织和企业。

1.2.16　大规模数据处理云

大规模数据处理云能对海量的数据进行大规模的处理，可以帮助企业快速进行数据分析，发现可能存在的商机和存在的问题，从而做出更好、更快和更全面的决策。其工作过程是大规模数据处理云通过将数据处理软件和服务运行在云计算平台上，利用云计算的计算能力和存储能力对海量的数据进行大规模的处理。

1.2.17　协作云

协作云是云供应商在 IDC 云的基础上或者直接构建一个专

属的云，并在这个云搭建整套的协作软件，并将这些软件共享给用户，非常适合那些需要一定的协作工具，但不希望维护相关的软硬件和支付高昂的软件许可证费用的企业与个人。

1.2.18　游戏云

游戏云是将游戏部署至云中的技术，目前主要有两种应用模式，一种是基于 Web 游戏模式，如使用 JavaScript、Flash 和 Silverlight 等技术，并将这些游戏部署到云中，这种解决方案比较适合休闲游戏；另一种是为大容量和高画质的专业游戏设计的，整个游戏都将在运行云中，但会将最新生成的画面传至客户端，比较适合专业玩家。

1.2.19　HPC 云

HPC 云能够为用户提供可以完全定制的高性能计算环境，用户可以根据自己的需求来改变计算环境的操作系统、软件版本和节点规模，从而避免与其他用户的冲突，并可以成为网格计算的支撑平台，以提升计算的灵活性和便捷性。HPC 云特别适合需要使用高性能计算，但缺乏巨资投入的普通企业和学校。

1.2.20　云杀毒

云杀毒技术可以在云中安装附带庞大的病毒特征库的杀毒软件，当发现有嫌疑数据时，杀毒软件可以将有嫌疑的数据上传至云中，并通过云中庞大的特征库和强大的处理能力来分析这个数据是否含有病毒，非常适合那些需要使用杀毒软件来捍卫其计算机安全的用户。

1.2.21 电子邮箱应用

作为最为流行的通信服务，电子邮箱的不断演变，为人们提供了更快、更可靠的交流方式。传统的电子邮箱使用物理内存来存储通信数据，而云计算使得电子邮箱可以使用云端的资源来检查和发送邮件，用户可以在任何地点、任何设备和任何时间访问自己的邮件，企业可以使用云技术让它们的邮箱服务系统变得更加稳固。

1.2.22 云呼叫应用

云呼叫（Cloud Call）中心是基于云计算技术而搭建的呼叫中心系统，企业无需购买任何软硬件系统，只需具备人员、场地等基本条件，就可以快速拥有属于自己的呼叫中心，软硬件平台、通信资源、日常维护与服务由服务器供应商提供。云呼叫应用具有建设周期短、投入少、风险低、部署灵活、系统容量伸缩性强、运营维护成本低等众多特点；无论是电话营销中心还是客户服务中心，企业只需按需租用服务，便可建立一套功能全面、稳定、可靠，座席可分布全国各地，全国呼叫接人的呼叫中心系统。

1.2.23 云会议应用

国内云会议主要是以 SaaS 模式为主体的服务内容，包括电话、网络、视频等服务形式。

云会议是基于云计算技术的一种高效、便捷、低成本的视频会议形式。使用者只需要通过互联网界面进行简单易用的操作，便可快速高效地与全球各地团队及客户同步分享语音、数据文件及视频，而会议中数据的传输、处理等复杂技术由云会议服务商帮助使用者进行操作。

及时语音移动云电话会议是云计算技术与移动互联网技术的完美融合，使用者只需通过移动终端进行简单的操作，即可随时随地、高效地召集和管理会议。

1.2.24　云社交应用

云社交（Cloud Social）是一种物联网、云计算和移动互联网交互应用的虚拟社交应用模式，以建立著名的“资源分享关系图谱”为目的，进而开展网络社交。云社交的主要特征就是把大量的社会资源统一整合和评测，构成一个资源有效池，向用户按需提供服务。参与分享的用户越多，创造的利用价值就越大。

1.2.25　金融云

金融云，是指利用云计算的模型，将信息、金融和服务等功能分散到庞大分支机构构成的互联网“云”中，旨在为银行、保险和基金等金融机构提供互联网处理和运行服务，同时共享互联网资源，从而解决现有问题并且达到高效、低成本的目标。在 2013 年 11 月 27 日，阿里云整合阿里巴巴旗下资源并推出阿里金融云服务。其实，这就是现在基本普及了的快捷支付，因为金融与云计算的结合，现在只需要在手机上简单操作，就可以完成银行存款、购买保险和基金买卖。现在，不仅仅阿里巴巴推出了金融云服务，像苏宁金融、腾讯等企业均推出了自己的金融云服务。

1.3 云技术发展趋势展望

1.3.1 云技术和云的发展

云时代的到来对我们的工作和生活产生巨大影响。云技术将惠及每个普通人。随着人们生活水平的不断提高，移动化设备越来越深入的融入每个人的生活，而将云技术移入这些移动设备上则可以产生“1+1>2”的效果。随着云技术的发展，移动设备接入云技术的门槛会越来越低，不同层次的人都将享受云技术服务所带来的便捷。

同时，市场的激烈竞争会使市场上出现越来越多的云技术应用，如云安全、云存储应用等。这些应用在竞争中会促进云技术的不断改进与提升。另外，对于一些公司来说，云技术不再是单一应用，他们会选择适合公司发展的多种云技术或者供应商提供保障。

云技术的最大优势在于数据的共享和使用，云服务提供商需保障这些数据的安全性。虽然现在数据的安全性已经能够得到一定程度上的保障，但是各种木马病毒在不断地更新换代，网络攻击也层出不穷，云技术的安全性能正经受着严峻考验。这就要求云服务提供商提供更加专业、完善和优质的访问控制、攻击防范、数据备份和安全审计等方面的功能。云服务提供商可以在管理数据中心、处理入侵、确保应用程序安全、管理代码和密钥、管理账号和存取、虚拟化技术等方面增强云计算的安全性。随着科技的不断进步，云技术的安全性及可靠性将会得到大幅提升，这将使得越来越多的用户安心的应用云技术服务生产、生活。

云技术的互操作性也将得到大幅提升。在云技术发展过程中，可能会在互操作性以及数据的迁移上存在技术瓶颈。目前，由于各网络公司纷纷推出自己的云技术应用，且各有利弊，这就意味着这些云技术应用都是单独存在的，各个公司之间竞争大于合作，使得用户将数据从一个服务提供商转移到另一个服务提供商变得极其困难。为此，大家都会努力提高云技术应用的互通性，以期得到更好的服务体验。网络系统的开放性是大势所趋，因此，无论是为了提高生产力还是降低运营成本，云技术应用的关联性都将会是云技术在未来发展中的一大亮点及难点。

总之，云技术市场正释放着巨大的商业红利，其应用逐步从互联网行业向制造、金融、交通、医疗健康、教育等传统行业渗透和融合，这将极大的促进及加快传统行业的转型升级。

1.3.2　云技术在科研领域发展趋势

未来，云计算将为高校与科研单位提供实效化的研发平台。云计算应用已经在很多大学及科研单位得到了初步应用，如中科院承担的“科技数据资源整合与共享工程”项目，充分利用了云计算技术并整合数据全生命周期的重要设施与资源，是国内首个大数据科研成果服务于社会应用的示范平台，部分成果已经产生了社会效益；云计算可以为农业科研文献资源整合提供强有力的支撑，为数据分布式储存提供支持，为管理人员提供统一的访问管理界面，这样可以有效地促进农业文献资源统筹整合；利用云计算搭建的科研信息智能共享，系统可以对各个高校间的科研信息进行全面的监管、交流和共享；随着桌面云应用的普及，桌面云将逐步取代传统 PC 在科研单位大量应用。越来越多的科研单位将关注桌面云与虚拟化的安全，届时也将出台针对虚拟化与桌面云的相关安全标准，桌面云的安全管理也将日益成熟。在未来，云计算将在我国高校与科研领域得到广泛的应用普及，各大高校将根据自身研究领域与技术需求建立云计算平台，并对原来各下属研究所的服务器与存储资源加以有机整合，提供高效可用的云计算平台，为科研与教学工作提供强大的计算机资源，大大提高研发工作效率。

进入 2020 年，随着"新冠肺炎疫情"在全球的快速扩散，云办公行业在 2020 年迎来了爆发。钉钉一骑绝尘，360、联想也在 4 月 21 日先后官宣了云办公市场的布局，360 全资收购云办公企业亿方云，联想推出云办公品牌"Filez"。头部 IT 企业从各自优势出发，或做产品协同，或主打安全保障。按照功能区别，目前市面上的云办公产品分为四类，包括即时通信、文档协作、任务/人员管理、设计工具，用户感知度更高的产品包括企业微信、钉钉、金山文档等，这不光因为产品功能全面，还受益于产品背后的品牌效应。未来云办公可能会分化成三种形式：一类是适合小规模企业的云办公产品，大部分功能是免费的，会在特定功能上收费，它们大多是想用免费圈住用户；第二类是针对国有企业和政府类的产品，这类要满足大规模用户云办公的需求，要提供一定的安全和协同等服务；第三类是在第二类产品上衍生出来的，用户群差别不大，但可以提供定制化的云办公产品。在恢复正常工作生活后，云办公在运营和产品方面难免遇到挑战。云办公获客流程相对复杂、拓客时间周期长、回款速度慢、项目见效慢，是这个行业所必须面临的风险。云办公行业应用这类应用将是未来企业办公的切入口，但需要持续不断升级应用，如优化沟通过程中语言处理能力和要点整理以及分析能力等。目前，一部分云办公软件已经可以实现部分上述功能，但是整个行业的完成度还不够。

1.3.3 云技术在农业领域发展趋势

我国是一个幅员辽阔，气候复杂多样的农业大国。云技术凭借其灵活、简易、适应性强等特点可以快速推进我国农业的现代化水平。我们应紧紧抓住机遇，将云技术尽快应用，以促进“三农”问题的解决。云技术在现代农业领域的应用很多，如农业信息化平台架构、农业大棚标准化生产监控、农产品质量的安全追溯、农业自动化节水灌溉等。农业应用云技术主要指将物体通过装入射频识别装置、红外感应器、全球定位系统、激光扫描仪或其他智能感应装置，按约定的协议，与互联网相连，形成智能网络，物品间可自行进行信息交换和通信，其中物理和虚拟的“物”具有身份标识、物理属性、虚拟的特性和智能的接口，并与信息网络无缝整合，所以农业管理者通过计算机或手机，可实现对作物的智能化识别、定位、跟踪、监控和管理。如对农作物进行监控和管理，及时发现农作物需要哪种肥料供给等问题。

而在过去的农业实践中，精准农业已被证明是促进可持续农业发展的手段之一。随着农民知识水平的提高，信息共享更加便捷，加上财政的扶持以及消费者对有机食品需求的增加，这都使得精准农业在世界各地飞跃发展。精准农业技术其中就包含数字农业技术，如基于云的软件工具和智能技术、各种软硬件产品以及这些智能产品的无线传输方式等技术手段。将云技术纳入精准农业是全球精准农业市场快速发展的助推器。

利用云服务技术调动和综合利用硬件资源、数字化资源、应用系统资源进行农业科技资源云端存储管理，并在此基础上，通过构建云桌面式服务平台，集成信息服务频道及专家咨询服务系统，能够发挥技术及资源的协同、集成、规模化效应，突破传统信息传播模式，提高信息服务质量，促进农村信息服务体系的升级。

建设基于“移动云”技术的农产品移动电商平台是发展农产品电子商务的重要方式和途径，它支持所有的移动终端设备，同时也支持 PC 端设备，能够完成各类终端数据的存储和传输，同时可以实现信息的同步更新，具有信息的联动性。同时它能够增强企业的竞争力，提高客户服务质量。

利用云计算及射频识别技术，设计农产品质量安全追溯系统，可以对农产品质量安全进行监控，同时可以及时获取农业生产中各种信息。在平台上对农产品生产状况进行科学分析和预测，有助于提升农产品质量，并能够有效开展农产品质量安全检测工作，不断提升农产品品质，促进农业经济稳步发展。

1.3.4 云技术在工业领域发展趋势

随着制造企业竞争的日趋激烈，云计算技术将在制造企业供应链信息化建设方面得到广泛应用，并以此来推动企业不断进行产品创新和管理改进，进而降低运营成本，缩短产品研发生产周期。由此可见，云计算技术将会在制造企业领域得到广泛应用，提升制造企业的竞争实力。云制造是一种新的网络制造模式，它会根据消费者的需求，通过网络和云制造服务平台将制造资源整合在网络（即制造云），并按需提供服务。在云制造模式中，将提供者提供的制造资源转化为服务，然后汇集到云制造平台，由运营者来管理平台，以便保证和提供高质量的服务，这也顺应了市场经济理论。客户通过向平台提交需求，从产品的设计、制造、测试、管理以及产品生命周期过程中获取服务。云制造的理念是“制造即服务”，充分融合了互联网、人工智能以及信息通信等技术优势，能够为产品制造的整个生产过程提供高效的组织与管理模式。从某种意义上说，云制造为未来制造行业的发展提供了一种新的现实可能性，通过该平台可以全面实现制造行业信息化，帮助我国完成由“世界工厂”向“世界制造”的角色转变。相信云技术在制造业领域的广泛应用，将会产生一大批的先进制造业，实现优质、高效、低耗、清洁、灵活生产，也就是实现信息化、自动化、智能化、柔性化和生态化生产的先进制造技术，这将会拉动制造业领域的发展。

目前，我国高炉已经完成大型化、现代化改造，大量信息技术已在高炉工序中得到推广与应用，但是由于高炉工序复杂，大量附属工序数据独立在“信息孤岛”，因为缺乏合适的处理技术，很多数据没有得到有效整合，成为信息化、智能化技术在高炉上应用的限制环节。发展高炉大数据已成为必然趋势，在高炉大数据云平台基础上，发挥大数据挖掘与智能分析等核心功能，深度挖掘大数据内在关联规律，实现对炼铁全过程的实时监控，达到提高高炉生产效率、降低劳动强度的目标，同时实现绿色、高效、智能炼铁。

在油田生产的过程中使用云计算技术，可以更好地提升油田企业的现代化信息建设水平。提高油田生产的安全性和技术性，对于建设符合时代发展的新型智慧油田具有重要的促进作用。随着信息技术的不断进步，云计算技术在油田生产中的运用也将得到进一步的发展。

随着航空航天信息化的发展、航空航天任务量的增多以及航空航天信息服务质量的要求增大，对信息系统的可靠性、可持续性、可扩展性提出了更高的要求。私有云作为云计算的一种重要的实现形式，在航空航天信息系统建设中将发挥越来越重要的作用。云计算的引入势必会颠覆整个航空航天信息系统的建设。结合航空航天信息系统，私有云建设的核心是通过信息系统的建设，降低运维风险和成本，提高整个企业的开发、生产、运营效率，助力航空航天企业的快速发展。通过虚拟化技术实现远程办公的一体化建设，降低采购成本，控制入口的安全访问；通过构建协同开发环境，建设持续集成/持续部署的产品发布流程，降低运营成本和风险。通过构建分布式存储系统，增强数据的安全性存储。

云技术能够实现资源的优化配置、物流信息的共享，因此，在物流信息的管理、物流资源的整合等方面能够促进物流企业的发展。“智慧物流”是未来物流行业发展的主要方向，加大云技术的创新应用将是物流企业提高核心竞争力的关键。

在 2018 年底中央经济工作会议上，国家首次提出了“新基建”的概念。其中之一的信息基础设施，主要指基于新一代信息技术演化生成的基础设施，如以 5G、物联网、工业互联网、卫星互联网为代表的通信网络基础设施，以人工智能、云计算、区块链等为代表的新技术基础设施，以数据中心、智能计算中心为代表的算力基础设施等。云技术在中国已经启动了 10 年，厚积薄发，已经到了爆发的临界点。“新基建”的出现，将促进云技术的飞跃式发展。

5G 时代即将到来，新的网络和创新业务的出现必然推动当前云计算产业的进一步升级。新的业务必然带动云服务的全面升级。5G 将为用户提供超高清视频、下一代社交网络、VR 和 AR 等更加身临其境的业务体验。同时，5G 将与车联网、工业互联网、智慧医疗、智能家居等物联网场景深度融合。为了适应这些新的业务，云服务必然要进行服务升级以满足下一代业务的需求，如 AWS Greengrass 就是为了满足物联网场景的应用需求，云服务商提供的云服务物联网解决方案。高的网络要求必然带动云服务质量的全面升级。5G 在超大带宽、低时延、灵活连接和网络切片方面的新特性，将通过网络架构和基础设施平台两个方面进行技术创新和协同发展来满足。在网络架构方面，通过接入云、控制云和转发云实现控制转发分离和控制功能重构，简化结构，提高接入性能；在基础设施平台方面，构建电信级云平台来实现对上层虚拟网络服务的承载，同时通过网络服务编排，解决现有基础设施成本高、资源配置不灵活、业务上线周期长的问题。高投入的网络建设必然带动云化部署的全面升级。网络演进需要保持现网业务的连续性，最大可能保护已有投资，同时为未来业务的发展预留空间。5G 时代巨大的容量和敏捷性需求推动了基站的致密化，5G 建设所需基站数量多，投资量大。无论是从节省投资的角度，还是在业务的灵活性和创新性支撑方面，5G 时代的云化部署已是必然。

1.3.5 我国云技术面临的机遇与挑战

目前，国外的云技术发展较国内快，我国企业在大规模云计算系统管理、支持虚拟化的核心芯片等一些关键产品和技术方面仍亟须突破，但国外企业对我国用户个性化需求理解不足，这为本土企业提供了发展机会。中国网络安全企业在云安全的技术应用上已经走在了世界前列。此外，各大国内厂商纷纷优化布局，争抢份额，阿里云一马当先，腾讯云紧追不舍，云计算的市场前景一片光明。在国家政策的支持下，我国云计算应用市场发展明显加快，各地云计算应用逐步落地，如成都云计算中心、深圳电子商务云计算应用平台、北京工业云、江苏有线云媒体电视、上海卫生医疗云计算服务平台、亚太数据港、浦软汇智 IT 服务云等。这些不仅加快了计算机云技术产业的发展，更带动了基于互联网的服务模式创新。从目前互联网，尤其是移动互联网产业的快速发展现状来看，云技术的应用前景非常巨大，对于企业和个人用户的支持更推动其不断向着标准化的方向迈进，这些都有效提高了我国云技术的综合实力及其在世界范围内的竞争力。

从政府的角度看，应加快研究制订云计算标准化发展战略，积极参与国际标准的制订，确保互通、互操作和服务的可移植。加强云计算安全风险的评估分析、安全技术研究和产品开发、完善信息保护、跨境数据流动等制度性的措施，有些还需要立法，以此保证云计算的发展。国家将从以下五方面推动云计算的发展。一是培育信息产业的新业态。使云计算成为新模式、新业态发展的坚实土壤。二是鼓励提升创新能力。让大众创业、万众创新首先在 IT 领域，在云计算、技术产业应用发展的领域成为现实。三是加快推动云计算综合标准化工作。以标准化引领技术产业的发展，以标准化规范应用和产业的方方面面。四是推广云计算的示范应用。尤其是贴近具体需求的、重大需求的行业和领域的试点示范。五是支持第三方机构开展云计算服务质量、可信度和网络安全等评估测试工作。在这个过程中将会培育出大量的第三方服务，形成新的产业、新的模式。

第 2 章　电网调控运行云技术支持体系

作为电网运行的重要技术支撑手段，电网调度自动化系统的发展，一直伴随着三代电网的发展而不断进步。20 世纪 60 年代，电力工业界首次将计算机技术引入电网调度领域，产生了调度数据采集与监控（SCADA）系统，采用孤岛式、分散式部署方式。20 世纪 90 年代之后，调度自动化系统逐步演变为基于开放式计算机操作系统、图形系统及广域互联网络的能量管理系统（EMS），采用与“统一调度、分级管理”原则相适应的分级、分布式部署方式。目前来看，从现在到 21 世纪中期将是我国电网由第二代向第三代转型的关键过渡期，以大规模可再生能源电力接纳和智能化为主要特征的第三代电网将成为未来电网发展的趋势和方向。由此，电网调度控制技术作为影响第三代电网发展的 10 项关键技术之一，需要吸纳信息技术的最新发展成果，提升电网调度自动化系统信息感知与同步、在线分析、调度精益化管理和数据深度应用的支撑能力，促进电网调度运行模式由“分析型调度”逐步向“智能型调度”转型升级，这是历史发展与进步的必然选择。

而近年来，云计算（cloud computing）的快速发展提供了一种崭新的服务模式，它相较于传统的 IT 服务模式，具备超大规模、虚拟化、高可靠性、通用性、高可扩展性、按需服务、成本低廉等特点，这些特点与第三代电网对先进调度运行技术的发展需求存在很大的契合度，是调度自动化系统由“分析型”向“智能型”转型的理想解决方案。

在智能电网调度技术支持系统的建设上，云计算方面有一些初步的探讨和设想作为相关工作的思考和启示：将云计算技术应用到建设中遇到的海量数据存储和处理、系统统一管理和弹性扩容、计算能力集成等问题；应用云计算技术构建电网集控/调度一体化互备的云灾备系统，以此提高电网运行的防灾能力；将云计算交付模式与电网模型、数据、搜索、计划、计算等业务需求相结合，设计云计算在调度自动化系统中的应用框架；利用云计算提高电力调度大数据的处理能力，设计调度云框架、拓扑结构和工作流程；此外，还有一些基于云计算的调度自动化系统的原型概念设计，电网运行数据池和基于云计算的调度自动化系统架构方案，以及云仿真、信息标准化、大数据分析、智能调度等技术思路。

在我国电网从第二代向第三代转型过程中电网调控业务发展需求的基础上，首次系统性、全局性地将云计算的概念引入电网调控领域，提出了国家电网公司调控云总体规划，设计了调控云总体架构，提出了调控云建设需要突破的关键技术。

2.1 新形势下调度运行的需求分析

为适应特高压交直流混联电网运行、新能源大规模消纳、电力市场运营的发展要求，电网调度运行正在步入一个新时期、新阶段。国家电网公司“十三五”规划和重点任务中指出，在电力系统自动化技术方面需大力开展研究基于大数据及云平台的特高压交直流混联电网一体化协调优化调度技术。现阶段，为适应我国电网一体化已凸显的特征，急需解决以下 4 个能力的提升问题。

2.1.1 提升信息感知与同步的支撑能力

特高压大电网的形成和交直流系统高度融合，电网事故在交直流之间、区域间、不同电压等级间的关联性、复杂性越来越高。多级调度机构同步感知电网运行中的事件或异常信息，以及调度人员之间的即时消息通信尤为迫切。因此，需要提供统一、高效的跨调度机构信息传输方法，构建适度集中的云平台，建立国（分）、省（地）间信息交互机制，实现信息的按需汇聚及分发，提升调度机构之间信息感知能力，为电网运行中的全景感知、智能控制、协同处置提供支撑。

2.1.2 提升电网在线分析的支撑能力

电网实时模型是在线分析软件的基础，现有模型通常采用本地局部模型、外网等值模型、全模型定期分发方式，影响在线分析结果准确性，导致在线分析软件实用性不高，不能满足大电网一体化分析的新需求。本地局部模型忽略相邻电网影响，边界线路计算误差较大；外网等值模型，边界线路误差变小，潮流发生较大变化时误差仍较大；全模型定期分发方式存在较大延时，影响在线分析实时计算。因此，急需加强技术创新，基于云计算技术实现电网全模型下的在线分析功能，提升电网在线分析的支撑能力。

2.1.3 提升调度管理精益化的支撑能力

调度管理应用存在以下问题：横向各专业间的基础数据有冗余、不一致的现象，需要通过数据维护与业务流程的紧密融合，实现基础数据源端维护；纵向各级调度机构间的数据同步性差，存在对象名称不唯一等现象，无法实现数据信息的自动汇集和广域检索；以设备对象为中心的数据关联性程度较差，导致数据查询不灵活、不完整、不准确；调度管理查询主题不明确，缺乏全局性规划，存在主题重复和定位困难等问题。这都需要统一电力调度通用数据对象的标准化建模及协同维护共享方式，合理规划数据分析应用主题，实现全局查询及可视化展示的服务化应用等，由此提升调度管理精益化的支撑能力。

2.1.4　提升数据深度应用的支撑能力

调度运行信息积累已初具成效，但信息分布过于分散，数据分析挖掘深度不够，难以适应当前调度管理以大数据为驱动的应用需要。存储分散，孤岛问题没有彻底解决（存储硬件实现了共享，但数据相对独立）。存储时间长短不一，缺乏统筹规划。各应用系统（模块）间，数据对象编码（标识）不统一，存在不必要的冗余重复。由于冗余与缺失并存，缺乏按对象或事件分类，未开展数据的清洗和加工等，另外，由于定制报表多，深度查询少，存在挖掘应用较少、挖掘深度不够，缺少通用挖掘算法等，从而需要提升数据深度应用支撑能力。

总之，在系统架构上，与调度机构一一对应部署的系统难以支撑各级调控机构协同运行的新业务特点，需要面向电网统一决策、分级控制、实时协同的一体化运行要求，引入云计算技术，将现有部署模式向“物理分布、逻辑集中”的模式转变。

2.2　调控云总体设计

按照国家电网公司规划，“十三五”期间将完成企业管理云、公共服务云和生产控制云（即统称为公司一体化“国网云”）的建设。它们将分别为国家电网公司未来的企业管理、对外服务和调度运行提供相应的技术支撑。云计算所具有的特性符合调度自动化系统发展的方向，是调度自动化系统新部署模式的基础。

在调控云的总体设计中，对调控云的架构、交付模式、云互联与数据流，以及关键技术做了重点研究和设计。

2.2.1 调控云架构设计

调控云是面向电网调度业务的云服务平台，其架构设计既要满足电网调控业务连续性、实时性、协同性的要求，也要符合云计算的理念，体现硬件资源虚拟化（共享与动态调配）、数据标准化和应用服务化的特点。

基于电网一体化特征的业务特点和调度业务管辖范围的划分原则，以及电网中能量流、信息流的分布特征，调控云采用国分、省级分级部署方式，形成“1 + *N*”的整体架构。其中，主导节点（国分）处于调控云的核心位置，统领调控云的数据标准化、服务标准化、安全标准化，主导全网计算业务，部署220kV 及以上主网模型数据及其应用功能，侧重于国分省调主网业务；协同节点（省级）*N* 个，部署在每个省级调控中心，是调控云的协同节点，严格遵循数据标准、服务标准和安全标准，并负责全网计算业务的子域协同，部署 10kV 及以上省网模型数据及其应用功能，侧重于省地县调局部电网业务。该架构实现不同层级业务的适度解耦，符合能量流、信息流的空间分布特性，符合业务分级、数据集中的技术路线，使得不同层级调控云节点既各有侧重，又保证了全局层面信息流与服务流的整体贯通。

为适应“统一管理、分级调度”的调度管理模式，调控云采用统一和分布相结合的分级部署设计，形成国分主导节点和各省级协同节点的两级部署，共同构成一个完整的调控云体系。

主导节点和协同节点在硬件资源层面各自独立进行管理；在数据层面，主导节点作为调控云各类模型及数据的中心，负责元数据和字典数据的管理，并负责调控云各类数据的数据模型建立，以及国调和分中心管辖范围内模型及数据的汇集，协同节点负责本省模型及数据的汇集并向主导节点同步/转发相关数据；在业务层面，调控云作为一个有机整体，由主导节点基于全网模型，提供完整的模型服务、数据服务及业务应用，各协同节点基于本省完整模型及按需的外网模型提供相关业务服务。

为保障调控云的高可用性，调控云各节点均采用双站点模式进行建设，即在同一节点上异地部署 A、B 两个站点，并实现站点间数据的高速同步。两站点均衡配置，在业务层面均可同时对外提供服务，实现异地应用双活。

2.2.2 调控云交付模式设计

2.2.2.1 调控云组成结构

根据云计算的经典交付模式，按照组件开放、架构开放、生态开放的原则，国（分）、省级两级“1 + N”中的每个调控云节点由基础设施层（infrastructure as a service，IaaS）、平台服务层（platform as a service，PaaS）和应用服务层（software as a service，SaaS）3 个层级组成。

基础设施层（IaaS）将服务器、存储设备和网络设备等物理 IT 资源虚拟化，建立计算资源池、存储资源池和网络资源池，并通过基于云服务的接口和工具访问与管理这些资源，实现计算资源的在线迁移、存储资源的弹性扩展和网络资源的灵活调配。

平台服务层（PaaS）是调控云建设的重点，也是标准化、开放性、服务化等云生态特征的重要体现点。它主要包括支持各种数据类型的数据存储，云总线在内的多种公共组件，权限、日志、任务调度等平台资源管理应用，以及相应的基础应用。PaaS 层对各种业务需求进行整合归类，向下根据业务需要测算基础服务能力，实时调用 IaaS 层各类资源，向上为 SaaS 层提供就绪可用的开发环境和标准化的服务接口。根据电网调控业务的特点及发展需求，调控云从数据维度将 PaaS 层细分为模型数据云平台（model data cloud platform，MDCP）、运行数据云平台（operation data cloud platform，ODCP）、实时数据云平台（real-time data cloud platform，RtDCP）和大数据平台（big data platform，BDP）4 个业务支撑平台。其中，模型数据云平台按照电网调度通用数据对象结构化设计原则，存储元数据、字典数据和电网模型，统一管理和发布调控云的元数据、字典数据，提供电网模型数据的同步、校验、订阅服务等，是其他平台的基础；运行数据云平台实现包括电网稳态、暂态、动态运行历史数据和各类事件的汇集、存储和处理，为数据分析及大数据应用提供基础服务；实时数据云平台实现电网运行实时数据的采集、处理、共享和实时电网模型的管理，为调度运行在线分析应用提供基础服务；大数据平台实现数据采集、数据存储、数据处理、数据分析挖掘等功能，为平台服务层（PaaS）的大数据存储、计算、分析等提供统一的平台支撑。

应用服务层（SaaS）为调度运行和管理应用软件提供部署、发布、获取、运行一体化的服务管理模式，支持按需自助式服务。各类应用软件按照"胖服务化、瘦客户端"的理念，为调控云用户提供基本数据检索与查询、主题分析与可视化、大数据应用、电网运行分析与预警、调度智能决策等多类调度运行与管理应用。

2.2.2.2　调控云的特点

调控云是面向电网调度运行的企业私有云，不同于公共服务云和一般性的管理云，它具有与其业务相适应的 5 个特性，即安全性、连续性、实时性、分散性和同步性。

（1）安全性要求采用专用网络互联，防止外部非法用户的侵入。

（2）连续性要求保障调控云平台 7×24h 不间断提供服务。

（3）实时性要求实时反应电网运行状态，高速完成计算分析，支撑电网在线分析应用。

（4）分散性要求采用层次化、分散部署的架构，以降低平台集中部署的脆弱性。

（5）同步性要求在分散部署架构中，各云节点的数据资源具有良好的同步性和一致性。

具体来说，调控云总体上在满足以上与调度运行业务相适应的总体 5 个特性之外，还具备区别于其他公共服务云和管理云的特有架构设计优势，如下：

（1）两级云架构。基于电网一体化特征的业务特点和调度业务管辖范围的划分原则，以及电网中能量流、信息流的分布特征调控云采用国（分）、省级分级部署方式，形成“1 + N”的整体架构，国分主导节点与各省级协同节点为调控云不可或缺的组成部分。

（2）双站点模式。调控云采用双站点模式进行建设，即在同一调控云节点上异地部署 A、B 两个站点，并实现站点间数据的高速同步。两站点采用对等模式进行配置，在业务层面均可同时对外提供服务，实现调控云的高可用性。

（3）平台服务层特色结构。平台服务层（PaaS）除实现数据标准化，完成公共平台支撑组件的建设外，针对调控业务特点，建设模型及运行数据云平台、实时数据云平台及大数据平台等功能，并开放面向模型、实时数据、运行数据和大数据的PaaS服务，其中实时数据云平台分为生产控制大区和管理信息大区两部分。

（4）AB站点数据同步。各级调控云A、B站点之间为了满足应用双活读写分离的需求，实现两节点间的数据层面准实时数据一致性，即读写站点数据变化后，横向同步组件要在尽可能短的时间内把变化的数据同步至只读节点，保证两节点的数据一致性。

（5）两层负载均衡。针对调控云B/S架构业务应用，调控云各节点的 A、B 站点采用全局负载均衡和服务器负载均衡的组合方式实现异地应用双活。其中，全局负载均衡用于感知调控云入口网络链路的状态及域名的解析，实现 A、B 站点的云端客服访问流量网络负载分担及自动切换，从而实现异地应用双活；服务器负载均衡用于调控云站点内部业务的负载分担及健康感知。

（6）读写分离。平台及数据库都支持读写分离状态参照API供完成读写分离业务逻辑设计，各客户端通过DNS解析、负载均衡及动态路由协议的配合，感知到 A、B 站点的虚拟 IP 业务路由，基于策略选择距离较近的服务站点，实现业务访问。客户端完成就近服务站点入口选择后，客户端和应用服务端建立访问连接关系，由应用服务器来判别读写请求。对于客户端入口访问选择读写站点的应用，所有业务逻辑都在本站点内完成。对于客户端入口访问进入只读站点的应用，若请求为读请求，由只读站点提供服务，若请求为只写、写后读，则应用服务器与本地的只读数据库断开连接，与读写站点主数据库建立连接并提供服务；若请求为读后写，则连接只读站点主数据库进行读操作，后写请求切换到读写站点的数据库执行写操作；直到客户端在指定的阈值时间内，无写操作，应用切回到与只读站点数据库建立连接。

2.3 调控云互联与数据流设计

调控云是由部署在各调度机构的若干节点组成的，构成其基础的数据均源于各调度机构的不同业务系统，并面向各级调度用户提供不同的服务。因此，规划建设好云节点与云节点、云与源数据端、云与用户的网络也是调控云的主要任务。

根据调控云架构设计，其网络可分为前端业务网和后端资源高速同步网。针对数据交互性质，前端业务网又分为管理业务网和实时业务网，分别承载管理类和实时类源数据端与云端的互联，以及用户终端对调控云的访问。其中管理业务网可使用现有的调度综合数据网或重新搭建，实时业务网可使用现有的调度数据网或重新搭建。后端资源高速同步网为新规划建设，用于调控云平台内部站点间和两级云之间的高速互联，支撑调控云不同节点间的数据同步，带宽不低于 1 Gb。

在调控云（调控云主导节点、调控云协同节点以下分别简称为 Cloud.D、Cloud.C）的模型与运行数据平台上和源数据端（以下简称 L）的业务系统中均存储有多种数据。它们可分为用于描述数据对象结构的元数据，用于规范应用的字典数据，用于定义数据对象的模型数据和基于对象化的各类运行数据 4 类。

为了保证源端维护（产生）全局共享，做好数据流的规划尤为必要。对于全局统一的元数据、字典数据，它们全部由调控云主导节点产生，各调控云协同节点和业务系统只可使用，其数据流①为单向的，即从 Cloud.D 到 Cloud.C 再到 L，或从 Cloud.D 到 L。对于模型数据，根据模型数据运维责任，分别由不同的源数据端产生，其数据流②为双向的，有的是从 L 到 Cloud.C 再到 Cloud.D，或从 L 到 Cloud.D，有的则反之，如从 Cloud.D 到 Cloud.C 再到 L。对于运行数据，全部由业务系统产生，其数据流③为单向的，即从 L 到 Cloud.C 再到 Cloud.D，或从 L 到 Cloud.D。

（1）调控云关键技术。在调控云试点建设中，对多种关键性技术开展研究和重点突破。如 IaaS 层面的资源弹性可扩展技术、全局负载均衡（global server load balance，GSLB）技术、双站点读写分离等高可用技术；PaaS 层面的云平台服务组件技术、云模型管理技术、实时数据的云采集与云存储技术、云平台数据同步技术；SaaS 层面的云应用服务化技术、大数据分析技术、高速并行计算技术及云安全技术等。

（2）调控云基础平台建设。调控云已完成 IaaS 层虚拟化计算资源池、存储资源池的建设，目前调控云常态化运行虚拟机 70 余台，同时基于实际运行情况，对 IaaS 平台进行了整体优化升级，提高了虚级化计算集群的性能和分布式存储的 iops 等性能；结合调控云业务特点及网络安全相关要求，对调控云网络进行了调整，实现网络分层分区，并在此基础上完成了资源高速同步网的试点调试。

2.4 调控云技术应用

（1）监控信号事件化分析，监控信号可视化。基于监控信息专家库，建立监控信息解析模型，实现告警信息与设备关联，将 D5000 数据库信息变成分析系统可理解的结构化信息。根据电网一、二次模型和设备装置的运行特点，将分散无序的告警信息通过系统自动判断分析，聚合为设备故障、异常事件信息集。

充分考虑保护动作时序特征，结合高风险度的设备故障集，构建具有时序特征的多重故障集的相继故障演变模型，对电网风险演变趋势进行动态感知。通过关联缺陷处理流程、检修申请票、操作票、AVC 系统等实现告警信息的智能过滤，结合监控事件智能判断，对信息的时序性、完整性进行分析挖掘，提高监控信息品质。

（2）电网监控运行“事件化”监视。模拟人脑对建立监控事件模型，智能解析告警数据的逻辑内涵，实现监控运行的事件化监视。系统分析出来的“跳闸事件”，对事件化快速统计，提供有效的数据集合。系统综合断路器、隔离开关位置信息，结合检修调试信息，形成“操作—检修—操作”大事件概念，为电网计划检修管控及设备状态评估提供支撑。依据断路器、隔离开关、接地开关的开合状态及信息的关联性，综合分析判断出操作及伴生信息，对操作过程的正确性进行评估。

通过对电容电抗器进行操作辨识，辅助就地和远方操作判别，有效区分 AVC 动作信息和操作信息，为电容电抗设备运行状态评估及优化电网 AVC 策略提供技术手段。

（3）基于监控数据的设备状态感知及检修辅助决策。形成周期性工作的信息库，分析各类工作特点，为不同设备的周期性工作合理安排提供数据值，实现最优计划，结合电网的接线方式、运行方式，根据检修目的，对各类检修工作过程中的停电范围、方式安排、保护配合等相关工作进行智能判断和自动提醒，通过电网拓扑的关联分析，将几个检修申请进行合并，达到智能判断分组，对检修申请中的电网方式安排是否合理，安全措施是否周全，电力平衡和设备检修的必要性和重复性，提供风险识别，真正做到检修辅助决策。

（4）基于监控数据的设备状态感知及检修辅助决策。研究自然语言数据特征提取，通过实时监控数据分析自动、全面、真实评估设备运行状态和健康水平，提出趋势预警和应对策略。

（5）设备监控信息智能分析决策。对变电站监控信息和运行监控数据进行规范化、结构化、事件化管理，适用于变电站集中监控信息点表智能管理和监控数据分析评估。

（6）关键技术的延展与创新。基于检修申请和安全校核的自动生成操作票技术、停电计划刚性智能管控、市地一体化云仿真系统、电网监控业务智能管控系统。

（7）基于检修申请和安全校核的自动生成操作票技术。基于检修申请工作内涵的解析和安全校核自动生成操作方案，实现调控操作的全过程人工智能。

（8）停电计划刚性智能管控。基于调控云平台，构建和实施新一代检修场景，实现对停电计划“数据标准化、决策智能化、场景协同化、探查感知化、应用服务化”的探索，实现220kV及以下设备停电计划刚性智能管控。

（9）市地一体化云仿真系统。大电网运行特性的变化，要求调控中心调度员、监控员及运维站操作人员等生产运行人员具备较强的业务能力。现有 DTS 存在造价昂贵、功能不全等问题。

随着云技术的应用，研发以调控云平台为基础，多用户、群演练、高仿真、智能评判、资源共享、信息安防可靠的市地一体化调控云仿真技术成为调控运行的迫切需要。减少各单位单独建设培训系统的建设费用的同时增强培训效果，快速提升调控人员实战能力，保障电网安全运行。支持多种演习场景：市调或地调单独演习、市地调联合反事故演习、培训中心进行调控技能培训和考试。同一场景支持多用户登录：平台可为不同用户分配教员、学员、观察员等角色，市调与地调用户均可在同一场景进行操作。演习教案的灵活定制：模型范围任意裁剪、计算资源根据仿真范围动态配置、演习教案快速制作（地调可通过Ⅲ区联网 PC 机登录云仿真系统直接使用）。

（10）电网监控业务智能管控系统总体思路。

1）依托调控云虚拟资源，充分挖掘海量调控运行数据价值。

2）立足调控运行业务，扩充对各类调度对象信息感知的广度和深度，打造适应新业态的调控应用场景和智能化功能。

3）借助监控告警类数据模型及数据入云、监控智能管理、监控智能分析、监控智能辅助 4 大模块，20 项子模块，建设基于调控云的电网监控业务智能管控系统。

（11）新型人机交互。基于语音识别的调度人机语音智能引擎，便捷搜索面向非结构化调控运行信息的自然语言语义智能解析，地理信息导航应用，将语音识别技术引入到调控日常业务，实现电网图快速导航、设备检索定位、语音辅助操作等，具备前后语境的多轮人机语音/文字交互式问答，无需人工配置公式，适应多系统、多类型数据，并能进行个性化定制性报表的输出。实现对非结构化检修任务、措施、保护细则、规程等文档文本进行结构化语义解析，让计算机能像人脑一样理解文本的语义。

资料的便捷查询，语音辨识、文字等方式（保护细则、运行管理规定快速查询）。通过解析调控云、D5000 系统电网图模数据、标准术语、设备关键字/词及调控运行管理数据等内容，形成调度中心专属的、定制化的语音、文本识别数据库。通过获取调度员在电话联系过程中的语音数据，自动识别语义，即时翻译，实现资料的精确定位、语音检索等。

目前调控云协同节点地理信息导航应用已完成国调统推版本的升级，同时结合 GIS 地图数据、站线位置信息、电网拓扑信息全自动生成 3D 电网展示图，可将平面二维一次接线图全自动 3D 化，满足“三跨”等需求下的电网可视化展示需求。

驾驶舱以人工智能为基础，具备调度知识学习能力，可合理安排检修方式，自动生成故障处置方案及操作票，为各类保电任务提供应急预案。解决调度工作中数据多、决策难、操作繁的问题，减轻调度员工作压力，确保电网安全稳定运行。基于云计算的电力物联网机房通用智能巡检机器人平台，依赖调控云平台数据开展研究：机器人本体、巡检管理系统、通信网络、远程集中监视等部分。

第 3 章　电网调控运行中的技术诉求

随着计算机、自动化、微电子技术的高速发展，越来越多的新技术融入电网调控运行中，帮助调控人员处理电网中遇到的各种情况，以程式化、标准化、智能化的方式辅助调控人员，保证电网安全运行。目前融入电网调控运行的新技术包括SCADA、高级应用、在线安全分析、AVC、DTS、综合告警、告警信息智能化处理等。本章节结合 AVC、DTS、综合告警、告警信息智能化处理等新技术的应用情况，对其在生产运行中存在的不足进行分析，并对这些新技术在生产应用中提出新的诉求。

3.1 调度员培训模拟系统（DTS）

3.1.1 DTS 基本概念

调度员培训模拟系统（dispatcher training simulator，DTS）是一套电网数字仿真系统，它运用计算机技术，通过建立实际电力系统的数学模型，再现各种调度操作和故障后的系统工况，并将这些信息送到电力系统控制中心的模型内，为调度员提供一个逼真的培训环境，以达到既不影响实际电力系统的运行又使调度员得到身临其境的实战演练的目的。其主要用途为在电网正常、事故、恢复控制下对系统调度员进行培训，训练他们的正常调度能力和事故时的快速决策能力，提高调度员的运行水平和分析处理故障的技能；也可用于各种运行方式的分析，协助运方人员制订安全的系统运行方式。DTS 对提高电网安全运行是十分有用的现代化工具。

DTS 由三个主要的子系统组成：

（1）SCADA/EMS 仿真（控制中心模拟）子系统。该子系统基本模拟调度中心的 SCADA/EMS 系统（与调度值班的实际操作环境一致），在值班操作环境能看到的图形，学员在这个子系统上同样能看到。

（2）电网仿真子系统。电网仿真子系统将模拟学员所在电力系统的主要物理过程。

（3）教员控制子系统。该子系统用于建立培训的教案、控制培训进程及记录培训过程。教员在此设定电网的方式、发电机功率、负荷情况及联络线潮流，设置故障的种类、地点及时间，通过仿真处理，为受训调度员提供，在设定的时间及设备上显示故障现象（如带地线合闸、线路单相接地、变压器过负荷）、潮流变化情况及保护动作过程。同时，教员可充当下级调度和厂站值班员，按受训调度员下达的调度令，逐步地操作。学员席上将显示每一步操作的状态变化、仿真出电网潮流的变化。三个子系统的关系如图 3－1 所示。

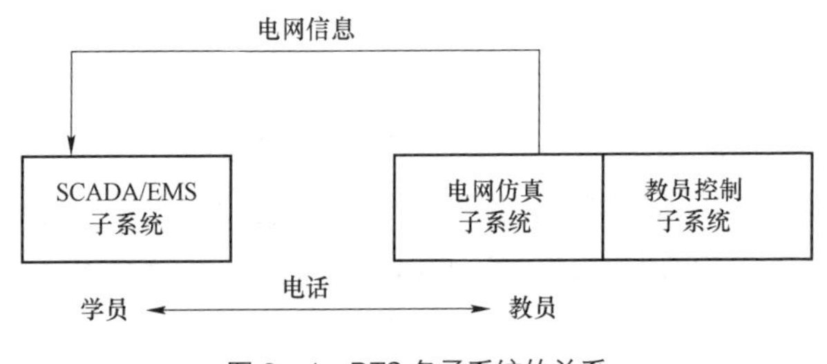

图 3－1 DTS 各子系统的关系

学员在受训时，所面对的 SCADA/EMS 子系统的功能与实际系统一样，可以通过 SCADA/EMS 系统监视仿真电网，通过电话给下级厂站值班员发布调度命令，也可以通过电话向下级厂站值班员询问电网的情况，培训时下级厂站值班员是由教员充当的。

培训时，教员将完成以下工作：

1）建立培训场景，即设置电网的运行方式，包括设置负荷、发电机功率、联络线潮流等。

2）监视学员的行为。

3）针对培训目的和学员的水平以及电网的情况，给学员设置各种故障。

4）模拟下级厂站值班员完成调度员下达的调度命令，回答调度员对电网情况的问询。

在仿真电网中，所有教员所设置的事件将由继电保护仿真软件根据电网的结线和事件的性质以及保护的配置，仿真出保护的动作和跳闸的开关。开关的继电保护动作（跳闸及自投）、学员的遥控遥调操作和教员代替下级厂站值班员所做的操作，都由电网仿真软件即时计算出结果，并反应在教员机和学员的SCADA/EMS 子系统上。

3.1.2 DTS 用途

（1）电网事故的仿真及反事故演习。DTS 具有网络拓扑计算、动态潮流计算、动态频率计算、继电保护仿真和数字采集系统仿真等完整的计算模块，能够仿真网、省、地调的电网，可设置电网的常见事故及复杂事故，并计算出假想事故发生后，继电保护的连锁动作和电网潮流的变化，并显示越限设备的报警提示。

（2）培训值班调度员，进行事故返演，积累处理对策。

1）对新调度员提供实时监测系统（SCADA）及其他应用软件的操作训练，且不影响运行系统。

2）培训基本的调度运行技能。对新调度员进行上岗培训，对老调度员的基本运行能力进行培训及测试，使调度员熟悉电网结构、正常方式、运行方式、电网潮流，掌握基本运行操作及调度规程。

3）事故分析及处理的培训。培训调度员能够根据人机界面的提示信息发现事故，依据仿真的电网环境判断故障和处理故障。通过 DTS 训练可以了解各种事故发生的现象、原因及变化过程，积累各种事故的处理经验，增强事故处理时的自信心。

4）事故后系统的恢复操作训练。培训调度员在尽量短的时间内，倒负荷、甩负荷；故障恢复时，在尽量短的时间内，使系统恢复正常方式。

5）事故分析和典型事故的演示。训练结束后对事故进行分析，重放事故发生和处理的全过程，分析调度员每一步操作的正确性，并给予正确的提示。可以对电网中曾经发生过的重大典型事故进行演示和培训，分析事故发生的原因及事故时的现象，使学员从中吸取教训，总结分析事故处理经验。

（3）运行方式研究。在 DTS 上，有灵活方便的全交互式的人机界面及快速仿真，又有与实际电力系统相似的仿真计算环境，所有结果通过图表、曲线方式输出，潮流输出通过单线系统图输出显示，直观方便。DTS 也可以使用实际电网状态估计后的数据，进行以下工作：

1） 电网运行方式的研究和制订。分析当前电网运行方式的安全合理性，也可对方式变更，机组检修的方式调整，未来电网的潮流分布以及节日和长期检修等电网特殊运行方式的研究与制订。

事故分析、事故预想和反事故措施的研究。

2）再现电网发生的重大事故的发生及处理的全过程，并通过调整试算，制订出合理的对策并记录备案。

（4）对于办公管理人员进行电网运行的概念性培训。使办公管理人员，通过 DTS 了解电网的现状、运行方式、操作规程及电网运行的特性。

3.1.3 DTS 技术诉求

（1）电网模型及数据同步更新。DTS 的电网模型是依据 EMS 系统中的模型，由人工进行录入，从本质上来说，与 EMS 还是相互隔离的两个系统。模型在人工录入的时候，受限于系统厂家、系统版本、录入人员的技术水平等诸多因素影响，使得 DTS 的电网模型与 EMS 系统的电网模型难以保持完全一致，包括电网拓扑结构、电网设备参数、设备告警信息等。

DTS 在进行模拟演练时，采用的数据是电网某一时刻的断面数据，该套数据的时效性难以保证，导致可能出现数据与当前电网模型不匹配的问题。

针对上述问题，可在设计 DTS 系统时，做好与 EMS 系统的数据接口。在 DTS 投入使用后，可做到依据用户需求，定时或者手动更新电网模型及数据。

当前云技术快速发展，电网模型及数据的云存储是必然的趋势。DTS 接入云服务器，与 EMS 共享电网数据模型，也是未来发展的方向。

（2）计算速度。DTS 系统在进行模拟仿真演练时，需要依据电网模型及数据，对设定的电网情况进行仿真计算，限于系统软硬件水平，DTS 的计算速度不尽如人意。

因此，在 DTS 系统的设计与实现的过程中，需要优化计算模型、算法代码等，提高 DTS 系统的运行速度。同样，云计算的出现，更有助于解决此问题。云计算的并行性、高速性、准确性都可以应用于 DTS 的模拟仿真计算。

3.2 自动电压控制系统（AVC）

3.2.1 AVC 技术介绍

自动电压控制系统（AVC），见图 3-2，是架构在 EMS 系统之上，利用电网 SCADA 系统采集的实时运行的各变电站、发电厂的母线电压、母线无功、主变压器无功等量测数据，以及各开关状态数据进行在线分析和计算，从整个系统的角度科学决策出最佳的无功电压调整方案，将变压器分头调整、发电机无功调整、容抗器投退等策略自动下发给各个子站装置，以电

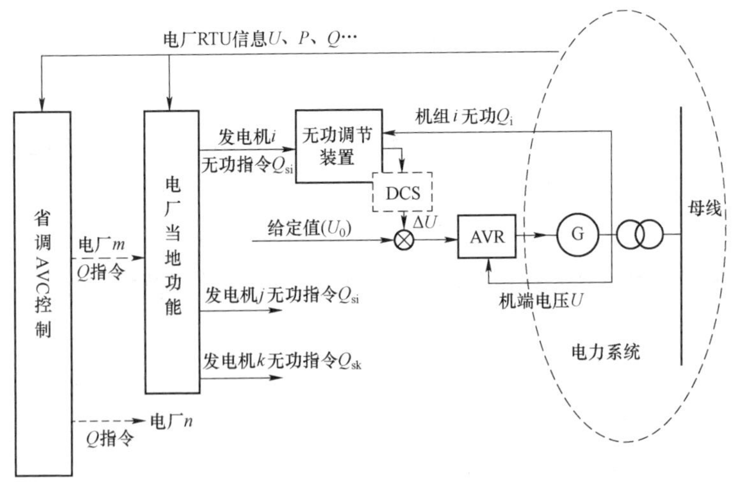

图 3-2 AVC 控制图

压安全和优质为约束，以系统运行经济性为目标，连续闭环的进行电压的实时优化控制。

目前，国内外已实现的自动电压控制系统大体上可以分为两类：

（1）两级电压控制模式：调度控制中心统一决策，将控制方案直接下发到控制设备，完成全局的电压控制。其代表有德国 RWE 电力公司、国内的福建电力公司、河南电力公司等。优点是系统结构简单，容易实现；缺点是对能量管理系统（EMS）的高级应用软件依赖性很强，运行可靠性不高。

（2）三级电压控制模式：调度控制中心以协调全网经济性和安全性为目标进行统一决策；二级区域控制中心以在电网动态过程中尽可能逼近控制中心下发的控制决策为目标，兼顾区域无功动态储备和均衡，仅收集区域内少量的 SCADA 采集数据作为决策的输入信息，以区域为基本单元完成电压闭环控制；一级电压控制器安装在厂站中，执行二级区域控制中心下发的控制命令，实现电压的自动调节。其代表有法国 EDF 电力公司、意大利电力公司、国内的江苏电力公司等。优点是对 EMS 高级应用软件依赖性不强，运行可靠性高，能较好地协调系统经济性和安全性之间的关系，控制过程与长期以来的无功电压控制实践相一致；缺点是结构较直接电压控制模式复杂。

图 3-3 为三级电网控制模式流程图。三级控制基于全局电压无功优化计算，根据目前全网无功的分布，综合考虑电厂、变电站和地调关口的无功功率和备用情况，在考虑电压合格、潮流不越限等安全约束的条件下，以网损最小为优化目标进行优化计算，给出全网最优的无功电压优化目标值。

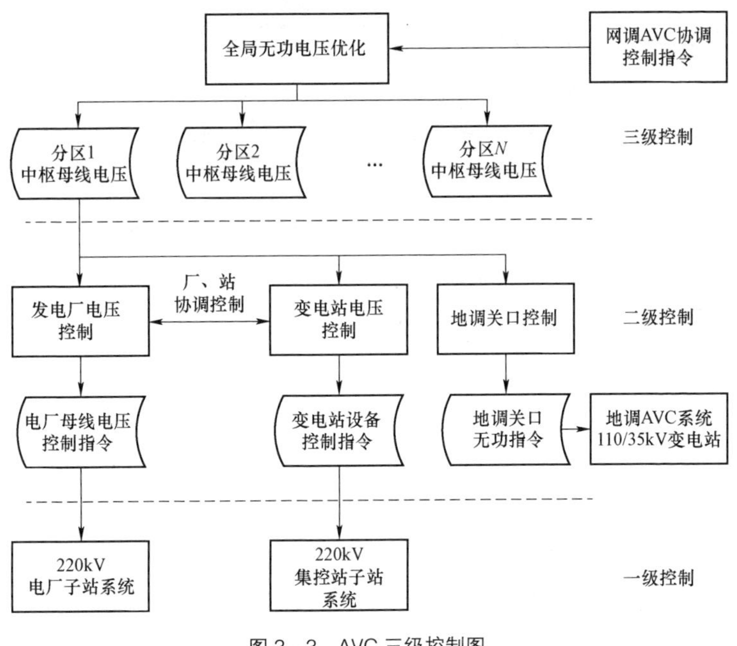

图 3－3　AVC 三级控制图

由于电网无功具有分布性和区域性的特点，AVC 系统根据无功电压控制的特性将电网自动分为若干区域，每个区域选择主要的关键母线作为中枢母线，中枢母线的电压控制目标采用全局无功优化给定的目标。同一个区域内的设备在无功电压控制特性上具有强耦合性，区域间的设备则具备松耦合性，这种分区控制的思路符合电网无功分层分区控制的原则，同时这种分区是由系统在线自动完成的，是“软分区”，能适应电网的发展变化。

二级控制由电厂控制、变电站控制和地调 AVC 协调控制三个控制模块组成。

（1）电厂控制。电厂控制模块主要的控制对象是 220kV 电厂，系统根据三级控制给出的区域中枢母线电压的控制值，采用灵敏度算法求出与此中枢母线相关的电厂的高压母线控制目标值，结合电厂子站上送的调节能力，综合计算电厂高压母线的控制电压，并下发给电厂子站。

（2）变电站控制。变电站控制模块主要的控制对象是220kV 变电站，系统根据三级控制给出的区域中枢母线电压的控制值，采用灵敏度算法求出与此区域内所有的变电站的母线控制目标值。但是这个目标值不能直接用于控制，这与电厂控制有所不同。一方面，由于变电站控制的设备是离散设备，变电站的电压控制是非连续的，具有阶跃性；另一方面，变电站内需要综合考虑高、中、低三侧的母线电压的安全约束和调节目标的要求，因此，在变电站的二级电压控制中，系统需要根据变电站的设备运行情况，结合三级控制给出的母线电压控制目标进行综合分析计算，对当前可用的离散设备的控制结果进行预估，才能确定是否可控并生成具体设备的控制策略，下发给集控站或变电站的自动化系统执行。

（3）地调协调控制。地调协调控制模块的控制对象是各个地区电网调度中心的 AVC 系统，市调 AVC 系统根据三级控制给出的区域中枢母线电压的控制目标值，结合地调 AVC 上送的无功调节能力，计算给出地调关口的无功调节要求，并以功率因数的形式发送给地调 AVC 系统。地调 AVC 系统通过控制110kV 变电站或 35kV 变电站内的无功设备来实现市调 AVC 下发的控制目标。

一级控制由电厂子站和变电站控制协调控制组成。

（1）电厂子站。由于对发电机组的控制需要考虑的因素非常复杂，因此，为了实现 AVC 闭环控制，需要在电厂设置专门的 AVC 子站，AVC 主站根据二级控制的计算结果，向电厂子站发送电厂高压的电压控制目标指令。电厂子站收到高压母线的控制指令后，根据电厂内的各种子系统的运行状态，计算生成各台运行的发电机的励磁调节指令，使高压母线电压追随市调 AVC 下发的指令。

（2）变电站控制。在集控站自动化系统中建设智能 AVC 子站，子站根据监控的 220kV 变电站的运行情况，自动计算主变压器低压侧、中压侧可增减无功，市调 AVC 主站根据子站上送的可增减无功量下发无功遥调指令，集控站智能 AVC 子站根据无功遥调指令，选择 220kV 变电站中、低压侧的具体无功设备进行控制。

3.2.2 AVC 技术诉求

AVC 技术在实际生产运行中，根据电网电压和无功情况，控制变压器分头调节和容抗器投退，以保证母线电压运行在设定的范围内，保证电网稳定运行和用户的用电质量。从实际生产中可以看出，AVC 技术起到了良好的效果，但也有一些问题，需要进一步完善。

（1）不同等级电压优化。在运行工作中，往往会遇到 AVC 策略对某一变电站各等级电压的调整相悖的问题。如某变电站的 35kV 母线电压和 10kV 母线电压，35kV 母线电压偏低，10kV 母线电压偏高，此时，AVC 判定需要投入电容器来升高 35kV 电压，但这种策略会导致直接接到用户的 10kV 电压升高。如何平衡各母线之间的电压，是 AVC 策略需要进一步突破的地方。

（2）AVC 自动闭锁策略。在运行工作中，由于 AVC 的策略响应不及时，或者策略不够优化，导致电压出现越限的情况，或者调度应用户要求经常需要人工干预调压。在人工调整分接头或者投退 AVC 后，AVC 会自动闭锁，这种策略欠缺合理性，需要将这些正常操作从 AVC 的异常情况中加以区分。

3.3 综合智能告警

3.3.1 综合智能告警技术介绍

当电网中发生事件时，电网运行稳态监控、二次设备在线监视与分析、在线扰动识别、WAMS、在线稳定分析、静态安全分析等每个应用都能用不同角度检测到事件给电网带来的变化，将其中的异常情况用消息或文件的方式发送给综合智能分析与告警。综合智能分析与告警应用模块汇总整理接收到的告警信息，进行分析，判断出更加准确的告警信息。同时对于电网事故类告警，综合智能分析与告警将告警发送到辅助决策应用，从辅助决策应用及时获取调整措施等结果信息。最终结合已有的告警信息用直观形象的方式展现给调度人员。

告警分类见图 3-4。

（1）设备故障类告警。综合智能分析与告警接收来自稳态监控、动态监视、二次设备监视与分析的设备故障告警，进行关联、扩展、存储，判断可信度，按照设置进行相应通知。

设备故障告警类型包括发电机、线路、变压器、母线，国调和网调还包括换流器的直流闭锁和电网波动告警。

（2）系统异常类告警。系统异常类告警包括来自稳态监控的电压、有功、频率、断面越限，来自 WAMS 的低频振荡、相角差越限。

分组	设备故障						系统异常							系统预警					计划偏差		辅助信息		
报警	线路故障	母线故障	变压器故障	发电机故障	直流设备故障	二次设备故障	电压越限	频率越限	潮流越限	稳定裕度越限	低频振荡	相角差	独立网运行	静态安全分析	暂态稳定	动态稳定	电压稳定	频率稳定	联络线偏差	发电计划偏差	水电信息	气象信息	雷电信息
SCADA	√	√	√	√	√		√	√	√				√						√	√			
WAMS	√	√	√	√			√	√			√	√											
PAS														√									
DSA										√					√	√	√	√					
保护	√	√	√	√	√	√																	
气象																						√	
雷电																							√

图 3-4　告警分类

电压、有功、频率和断面越限采用不同的主题展示，并且支持延时处理，可设置各自的延时时间，当越限恢复时，越限告警被自动确认。

（3）预警类告警。预警类告警包括来自网络分析的静态安全分析 $N-1$ 越限告警、短路电流超遮断容量告警和来自 DSA 的动态安全预警告警消息。

（4）计划类告警。计划类告警包括用电计划偏差告警和 agc 告警两类。

1）用电计划偏差告警。综合智能分析与告警按配置监视用电计划执行情况，用户可以对电量偏差限值、功率偏差限值进行设定，电量偏差支持设定 0 点后多长时间开始告警，功率偏差越限及恢复均支持延时处理，越限恢复后告警记录会被自动确认。

2）agc 告警。agc 告警对 ace 进行监视，有两种处理方式，采用何种方式可配。

第一种监视方式为 ace 实时数值监视，在 ace 进入紧急区域（次紧急区域）超过设定时间未恢复时进行告警通知，并记录当时 agc 机组及联络线的运行状态，ace 从相应区域返回时告警自动确认。

第二种监视方式为 ace 平均值监视，15min 为一个监视周期，前 5min 不进行告警，5min 后若 ace 平均值超过限值进行告警，ace 恢复后自动确认，一个监视周期内最多只存在一条告警记录，并对相应的越限、恢复时间进行记录。

（5）气象类告警。气象类告警目前包括线路雷击告警、恶劣天气告警、水情灾害告警等。

综合智能分析与告警处理来自雷电监测的线路雷击文件进行处理。

气象预警：包括天气类别、影响地区、程度、持续时间等信息。

水情预警：包括水位越限水电厂名称、越限程度、出入库流量等信息。

（6）其他告警。其他告警类型目前仅包括下级调度系统上送的告警信息。

如图 3-5 所示为 D5000 系统主界面，综合智能告警的告警灯（红线框）集成在画面浏览器的菜单栏内，初始状态有 6 个告警指示灯（告警灯的名称和个数可根据各地不同习惯配置和修改），分别代表设备、系统、预警、计划、气象和其他六类告警。告警灯有两种状态：告警灯红色闪烁，表示该类告警有未确认的告警记录或者有新的告警记录；告警灯为绿色，表示该类告警没有告警记录或所有告警已经调度员确认。

如图 3–5 所示，气象、其他指示灯为绿色，表示此时刻不存在这两类未确认告警，设备、系统、预警和计划指示灯为红色闪烁，表示这几类告警有未确认的告警或者有新的告警。

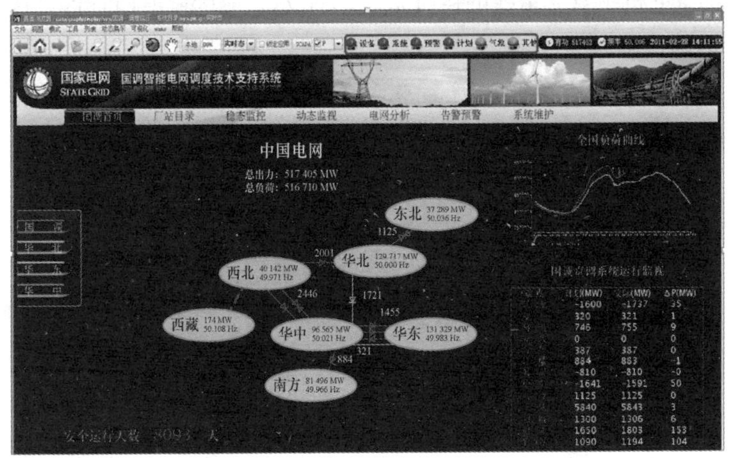

图 3–5 D5000 系统主界面

如图 3–6 为智能告警列表显示。右键某类告警灯，就会显示该类告警的告警列表。告警记录有两种状态：红色字体显示的告警条目表示该告警未经调度员确认，黑色字体显示的条目表示该告警已经调度员确认。左键单击告警列表中的某条告警条目，就能打开该告警的主题界面，如图 3–7 所示，在主题界面中将会为调度员展示详细的告警信息。

告警的主题界面一般由告警描述①、告警详细信息②、告警辅助信息③和地理潮流图④四部分组成。每一部分显示的信息根据告警类型的不同而不同。

图 3-6　告警列表

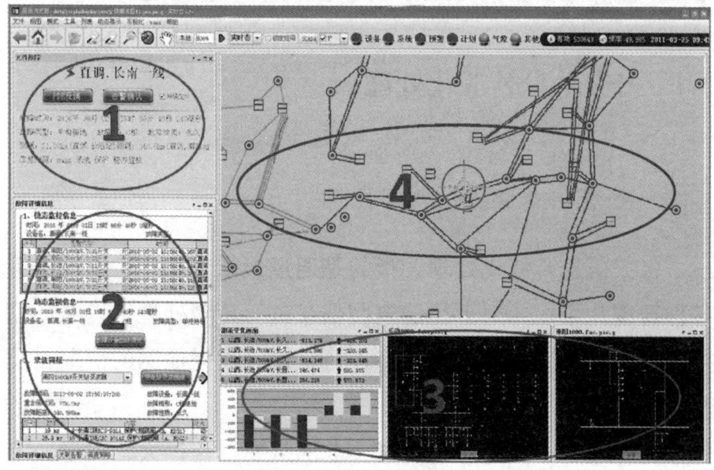

图 3-7　告警主题界面

3.3.2 技术诉求

（1）消除检修设备的故障误报。当变电站设备处于检修状态时，由于站内进行各种传动工作，不可避免地出现全站事故总、间隔保护信息和开关同时动作的情况，导致综合智能告警判定检修的间隔出现故障，推出告警主题界面，误导运行人员。这就需要系统设计人员增加判据，确保检修状态的设备不推告警主题界面。

（2）消除运行设备的故障误报。当变电站某一间隔处于检修传动工作时，可能会引起全站事故总信息工作。在全站事故总动作时，若运行的开关发生正常变位（如 AVC 控制容抗器投退、线路开关正常操作等情况），系统就会判定故障，推出正常变位间隔的事故画面，误导运行人员。这就需要系统设计人员增加判据，确保正常变位的开关间隔不推告警主题界面。

3.4 告警信息智能化处理

3.4.1 告警信息智能化处理技术

告警信息智能化处理，指的是通过包括专家库、决策树等各种智能化手段，对上传的电网信息进行逻辑处理，以帮助监控人员又快又准的对告警信息进行梳理，掌握电网的情况，及时汇报调度并通知运维人员。

随着电力工业的迅猛发展，电网规模日益扩大，大量变电站投入运行，结构上也随之日益复杂，计算机网络技术和通信技术的发展，使得变电站综合自动化技术在电力系统得到广泛的应用，电网的遥信、遥测、遥调均由计算机系统完成，呈现给监控人员的告警信息也越来越多。目前变电站采用集中监控模式，变电站告警信息接入智能电网调度控制系统。当电网发生异常或者故障时，海量的告警信息涌入智能调控系统的人机界面，报警信息以快速变化的形式直接呈现给监控员，由监控人员对信息进行筛选分析，判断电网发生的情况。

变电站集中监控信息分为事故、异常、越限、变位、告知五类。

事故类信息指的是保护、安自装置在电网发生事故时的动作信息以及安防、技防装置的动作信息，如"××母差保护动作""××备自投保护动作""××重合闸动作""××消防装置动作"等。

异常类告警信息是指变电站一、二次设备运行异常时动作的信息，如"××开关 SF_6 气压低闭锁""××保护装置告警"等。越限类信息指的是运行的电网设备电压、电流等遥测量超过允许的限值时的告警信息，如"××线路电流值越限""××母线电压值越限"等。

变位类信息指的是开关以及中性点接地刀闸的分、合信息，如"××开关合闸""××1-7 接地刀闸　分闸"。

告知类信息指的是设备的启停信息以及隔离开关分、合信息（除中性点接地刀闸），如"××开关油泵 启动""××隔离开关　合闸"。

告警信息在上传到监控主站时，每类信息都有不同的分类标志。根据告警信息的分类标志对其加以区分，将五类告警信息显示在不同的告警窗口。

事故类窗口显示各种事故告警信息，见图 3-8。

综合告警 | 电力系统 | 告警直传 | 事故 | 异常 | 越限 | 变位 | 告知 | SOE | 工况

序号	确认状态	级别	内容
11	未确认	1	2018-09-01 23:47:45.431 ××.[illegible]/35kV.3009/低压动作 动作
12	已确认	1	2019-02-24 15:13:31.446 ××.石各庄SSSC/220kV.2115/开关第一组保护出口合闸 动作
13	已确认	1	2019-02-24 15:13:31.446 ××.石各庄SSSC/220kV.2115/开关第二组保护出口合闸 动作
14	已确认	1	2019-04-24 23:08:07.529 ××.泰保/35kV.3068/保护动作 动作
15	已确认	1	2019-06-10 08:16:44.461 ××.泰保/35kV.3068/过电压保护动作 动作

序号	确认状态	级别	内容
7	未确认	1	2019-06-15 15:12:37.935 ××.高场/220kV.2213/间隔事故总 动作
8	已确认	1	2019-06-15 15:12:48.110 ××.高场/公用/全站事故总 复归
9	未确认	1	2019-06-15 15:29:41.445 ××.高场/220kV.2213/间隔事故总 复归
10	未确认	1	2019-06-15 15:29:41.862 ××.高场/220kV.2217/间隔事故总 复归
11	已确认	1	2019-06-16 00:45:45.035 ××.上古林/220kV.2251/间隔事故总 动作
12	已确认	1	2019-06-16 00:45:45.035 ××.上古林/220kV.2251/间隔事故总 复归
13	已确认	1	2019-06-16 03:54:25.713 ××.上古林/220kV.2253/间隔事故总 动作
14	已确认	1	2019-06-16 03:54:25.713 ××.上古林/220kV.2253/间隔事故总 复归
15	已确认	1	2019-06-16 05:06:39.201 ××.上古林/220kV.2253/间隔事故总 动作
16	已确认	1	2019-06-16 05:06:39.201 ××.上古林/220kV.2253/间隔事故总 复归
17	已确认	1	2019-06-16 07:39:50.369 ××.上古林/220kV.2253/间隔事故总 动作
18	已确认	1	2019-06-16 07:39:50.369 ××.上古林/220kV.2253/间隔事故总 复归
19	已确认	1	2019-06-16 09:34:54.832 ××.曹庄子/公用信号/安防告警装置动作 动作
20	已确认	1	2019-06-16 09:34:59.078 ××.曹庄子/公用信号/安防告警装置动作 复归
21	已确认	1	2019-06-16 12:00:31.366 ××.吕官屯/35kV.公用信号/35kV小电流接地选线VI母接地 动作
22	已确认	1	2019-06-16 12:00:31.525 ××.吕官屯/35kV.公用信号/35kV小电流接地选线VI母接地 复归
23	已确认	1	2019-06-16 13:12:22.490 ××.上古林/220kV.2263/间隔事故总 动作
24	已确认	1	2019-06-16 13:12:22.490 ××.上古林/220kV.2263/间隔事故总 复归
25	已确认	1	2019-06-16 13:39:45.508 ××.上古林/220kV.2282/间隔事故总 动作
26	已确认	1	2019-06-16 13:39:45.508 ××.上古林/220kV.2282/间隔事故总 复归

图 3-8　事故类信息告警窗

异常类窗口显示各种异常告警信息，见图 3-9。

综合告警 | 电力系统 | 告警直传 | 事故 | 异常 | 越限 | 变位 | 告知 | SOE | 工况

序号	确认状态	级别	内容
...	已确认	2	2019-06-16 01:06:36.980 ××.孟港后/220kV.2号主变/冷却控制箱1组散热器电机未运转 告警
...	已确认	2	2019-06-16 03:06:35.993 ××.孟港后/220kV.3号主变/冷却控制箱1组散热器电机未运转 告警
...	已确认	2	2019-06-16 03:06:36.093 ××.孟港后/220kV.3号主变/冷却控制箱2组散热器电机未运转 告警
...	已确认	2	2019-06-16 07:04:33.508 ××.华苑/220kV.2号主变/1组散热器控制系统故障 告警
...	已确认	2	2019-06-16 07:04:33.508 ××.华苑/220kV.2号主变/2组散热器控制系统故障 告警

序号	确认状态	级别	内容
953	已确认	2	2019-06-16 22:12:35.143 ××.辰远路/公用/对时装置卫星失步 告警
954	已确认	2	2019-06-16 22:12:43.031 ××.辰远路/公用/对时装置卫星失步 复归
955	已确认	2	2019-06-16 22:12:50.179 ××.上古林/220kV.2292/测控装置通信中断 复归
956	已确认	2	2019-06-16 22:13:45.034 ××.辰远路/公用/对时装置卫星失步 告警
957	已确认	2	2019-06-16 22:13:53.095 ××.辰远路/公用/对时装置卫星失步 复归
958	已确认	2	2019-06-16 22:15:38.373 ××.海光寺/10kV.206甲2/弹簧未储能 告警
959	已确认	2	2019-06-16 22:15:40.787 ××.海光寺/10kV.206甲2/弹簧未储能 复归
960	已确认	2	2019-06-16 22:27:01.307 ××.延吉道/110kV.111/弹簧未储能 告警
961	已确认	2	2019-06-16 22:27:03.106 ××.延吉道/110kV.111/弹簧未储能 复归
962	已确认	2	2019-06-16 22:35:53.061 ××.东丽/公用信号/对时装置失步 告警
963	已确认	2	2019-06-16 22:36:01.383 ××.东丽/公用信号/对时装置失步 复归
964	已确认	2	2019-06-16 22:38:45.460 ××.上古林/220kV.大港三线/测控装置通信中断 告警
965	已确认	2	2019-06-16 22:39:36.368 ××.上古林/220kV.大港三线/测控装置通信中断 复归
966	已确认	2	2019-06-16 22:40:14.921 ××.东丽/公用信号/对时装置失步 告警
967	已确认	2	2019-06-16 22:40:31.179 ××.东丽/公用信号/对时装置失步 复归
968	已确认	2	2019-06-16 22:40:39.112 ××.东丽/公用信号/对时装置失步 告警
969	已确认	2	2019-06-16 22:40:47.240 ××.东丽/公用信号/对时装置失步 复归
970	已确认	2	2019-06-16 22:48:45.369 ××.葛沽/220kV.2212/LFP901保护装置闭锁 告警
971	已确认	2	2019-06-16 22:48:45.369 ××.葛沽/220kV.2212/LFP901保护装置异常 复归
972	已确认	2	2019-06-16 22:48:52.699 ××.葛沽/220kV.2212/LFP901保护装置闭锁 复归

图 3-9　异常类信息告警窗

越限类窗口显示各种越限告警信息，见图 3-10。

综合告警 | 电力系统 | 告警直传 | 事故 | 异常 | 越限 | 变位 | 告知 | SOE | 工况

序号	确认状态	级别	内容
43	已确认	3	2019-05-05 09:16:15　××.务本/110kV.4乙母线 线电压　0.00 越下限2 106.70 (　0.00%)
44	已确认	3	2019-05-05 09:16:15　××.务本/110kV.5乙母线 线电压　0.00 越下限2 106.70 (　0.00%)
45	已确认	3	2019-06-07 06:36:30　××.大沽/35kV.326负荷 电流值 334.79 越上限1 324.00 (103.33%)
46	已确认	3	2019-06-13 15:56:05　××.鄱阳路/35kV.4乙母线 A相电压值　22.71 越上限1　22.23 (102.14%)

序号	确认状态	级别	内容
...	已确认	3	2019-06-16 22:48:30　××.中心桥/10kV.5乙母线 线电压2 正常　10.21
...	已确认	3	2019-06-16 22:48:30　××.中心桥/10kV.5乙母线 线电压3 正常　10.22
...	已确认	3	2019-06-16 22:48:50　××.杨柳青/35kV.4母线 线电压 正常　37.36
...	已确认	3	2019-06-16 22:48:55　××.杨柳青/35kV.5母线 线电压 正常　37.34
...	已确认	3	2019-06-16 22:49:50　××.杨柳青/35kV.5母线 线电压3　37.46 越上限1　37.40 (100.15%)
...	已确认	3	2019-06-16 22:49:55　××.杨柳青/35kV.4母线 线电压3　37.43 越上限1　37.40 (100.09%)
...	已确认	3	2019-06-16 22:50:00　××.杨柳青/35kV.4母线 线电压3 正常　37.35
...	已确认	3	2019-06-16 22:50:00　××.杨柳青/35kV.5母线 线电压3 正常　37.38
...	已确认	3	2019-06-16 22:50:50　××.杨柳青/35kV.5母线 线电压2　37.40 越上限1　37.40 (100.01%)
...	已确认	3	2019-06-16 22:51:15　××.杨柳青/35kV.5母线 线电压2 正常　37.35
...	已确认	3	2019-06-16 22:54:00　××.杨柳青/35kV.4母线 线电压3　37.49 越上限1　37.40 (100.23%)
...	已确认	3	2019-06-16 22:54:00　××.杨柳青/35kV.5母线 线电压3　37.49 越上限1　37.40 (100.23%)
...	已确认	3	2019-06-16 22:54:05　××.杨柳青/35kV.4母线 线电压3 正常　37.39
...	已确认	3	2019-06-16 22:54:45　××.杨柳青/35kV.4母线 线电压3　37.40 越上限1　37.40 (100.01%)
...	已确认	3	2019-06-16 22:55:40　××.杨柳青/35kV.4母线 线电压3 正常　37.39
...	已确认	3	2019-06-16 22:56:55　××.杨柳青/35kV.4母线 线电压3　37.48 越上限1　37.40 (100.20%)
...	已确认	3	2019-06-16 22:56:55　××.杨柳青/35kV.5母线 线电压3　37.51 越上限1复归
...	已确认	3	2019-06-16 22:56:55　××.杨柳青/35kV.5母线 线电压3　37.51 越上限2　37.50 (100.02%)
...	已确认	3	2019-06-16 22:57:20　××.杨柳青/35kV.5母线 线电压3 正常　37.36
...	已确认	3	2019-06-16 23:00:05　××.杨柳青/35kV.4母线 线电压3 正常　37.30

图 3-10　越限类信息告警窗

变位类窗口显示各种变位告警信息，见图 3-11。

综合告警 | 电力系统 | 告警直传 | 事故 | 异常 | 越限 | 变位 | 告知 | SOE | 工况

序号	确认状态	级别	内容
216	未确认	4	2019-06-14 17:07:53.051　××.高场/220kV.2213/线路保护A停用重合闸软压板投入 动作
217	未确认	4	2019-06-14 17:07:53.054　××.高场/220kV.2213/线路保护A停用重合闸软压板投入 动作
218	已确认	4	2019-06-14 17:38:03.141　××.南河/110kV.122/保护重合闸充电完成 动作
219	未确认	4	2019-06-14 17:51:04.077　××.高场/220kV.2217/线路保护B停用重合闸软压板投入 动作

序号	确认状态	级别	内容
298	已确认	4	2019-06-16 19:47:40.058　××.辰远路/10kV.远10开关 合闸
299	已确认	4	2019-06-16 19:53:51.979　××.红旗路/10kV.550开关 合闸
300	已确认	4	2019-06-16 19:54:42.490　××.白庙/10kV.430开关 合闸
301	已确认	4	2019-06-16 20:29:21.128　××.芦台/500kV.5073开关 合闸
302	已确认	4	2019-06-16 20:30:52.436　××.芦台/500kV.5072开关 合闸
303	已确认	4	2019-06-16 20:43:49.343　××.板桥/500kV.5052开关 分闸
304	已确认	4	2019-06-16 20:45:11.453　××.板桥/500kV.5053开关 分闸
305	已确认	4	2019-06-16 20:55:32.590　××.芥园道/10kV.2052开关 合闸
306	已确认	4	2019-06-16 20:55:58.132　××.海光寺/10kV.206乙2开关 分闸
307	已确认	4	2019-06-16 21:35:31.427　××.利民道/10kV.2052开关 合闸
308	已确认	4	2019-06-16 21:55:33.691　××.芥园道/10kV.2056开关 合闸
309	已确认	4	2019-06-16 22:00:34.023　××.利民道/10kV.2054开关 合闸
310	已确认	4	2019-06-16 22:00:37.940　××.延寿里/35kV.3052开关 合闸
311	已确认	4	2019-06-16 22:00:38.708　××.海光寺/10kV.206甲2开关 分闸
312	已确认	4	2019-06-16 22:01:02.035　××.芦台/66kV.632开关 分闸
313	已确认	4	2019-06-16 22:01:02.439　××.板桥/66kV.623开关 分闸
314	已确认	4	2019-06-16 22:05:35.576　××.延寿里/35kV.3051开关 合闸
315	已确认	4	2019-06-16 22:15:38.373　××.海光寺/10kV.206甲2开关 合闸
316	已确认	4	2019-06-16 23:01:06.805　××.板桥/66kV.622开关 合闸
317	已确认	4	2019-06-16 23:01:09.879　××.芦台/66kV.622开关 分闸

图 3-11　变位类信息告警窗

告知类窗口显示各种告知告警信息，见图 3-12。

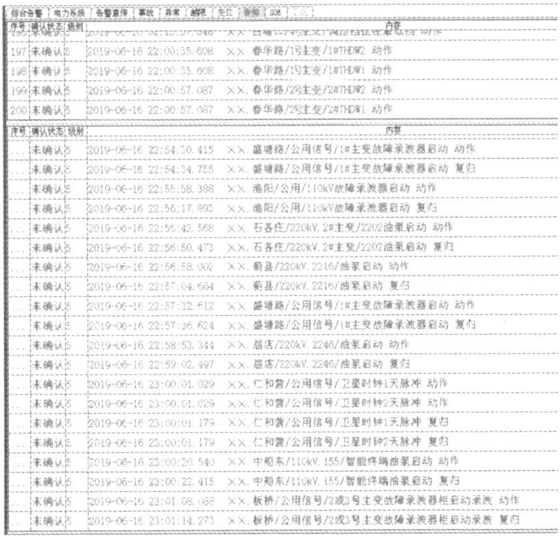

综合告警 | 电力系统 | 告警直传 | 事故 | 异常 | 越限 | 变位 | 告知 | SOE

序号	确认状态	级别	内容
[illegible]			
197	未确认	5	2019-06-16 22:00:35.608　××.春华路/1号主变/1#THDW2 动作
198	未确认	5	2019-06-16 22:00:35.608　××.春华路/1号主变/1#THDW1 动作
199	未确认	5	2019-06-16 22:00:57.087　××.春华路/2号主变/2#THDW2 动作
200	未确认	5	2019-06-16 22:00:57.087　××.春华路/2号主变/2#THDW1 动作

序号	确认状态	级别	内容
...	未确认	5	2019-06-16 22:54:30.415　××.盛塘路/公用信号/1#主变故障录波器启动 动作
...	未确认	5	2019-06-16 22:54:34.755　××.盛塘路/公用信号/1#主变故障录波器启动 复归
...	未确认	5	2019-06-16 22:55:58.388　××.渔阳/公用/110kV故障录波器启动 动作
...	未确认	5	2019-06-16 22:56:17.893　××.渔阳/公用/110kV故障录波器启动 复归
...	未确认	5	2019-06-16 22:56:42.568　××.石各庄/220kV.2#主变/2202油泵启动 动作
...	未确认	5	2019-06-16 22:56:50.473　××.石各庄/220kV.2#主变/2202油泵启动 复归
...	未确认	5	2019-06-16 22:56:58.002　××.蓟县/220kV.2216/油泵启动 动作
...	未确认	5	2019-06-16 22:57:04.664　××.蓟县/220kV.2216/油泵启动 复归
...	未确认	5	2019-06-16 22:57:32.612　××.盛塘路/公用信号/1#主变故障录波器启动 动作
...	未确认	5	2019-06-16 22:57:36.624　××.盛塘路/公用信号/1#主变故障录波器启动 复归
...	未确认	5	2019-06-16 22:58:53.344　××.邵店/220kV.2246/油泵启动 动作
...	未确认	5	2019-06-16 22:59:02.497　××.邵店/220kV.2246/油泵启动 复归
...	未确认	5	2019-06-16 23:00:01.029　××.仁和营/公用信号/卫星时钟1天脉冲 动作
...	未确认	5	2019-06-16 23:00:01.029　××.仁和营/公用信号/卫星时钟2天脉冲 动作
...	未确认	5	2019-06-16 23:00:01.179　××.仁和营/公用信号/卫星时钟1天脉冲 复归
...	未确认	5	2019-06-16 23:00:01.179　××.仁和营/公用信号/卫星时钟2天脉冲 复归
...	未确认	5	2019-06-16 23:00:20.540　××.中船东/110kV.155/智能终端油泵启动 动作
...	未确认	5	2019-06-16 23:00:22.415　××.中船东/110kV.155/智能终端油泵启动 复归
...	未确认	5	2019-06-16 23:01:08.088　××.板桥/公用信号/2或3号主变故障录波器柜启动录波 动作
...	未确认	5	2019-06-16 23:01:14.273　××.板桥/公用信号/2或3号主变故障录波器柜启动录波 复归

图 3-12　告知类信息告警窗

根据多年的运行经验，对前四类告警信息进行实时监视，监控员就能发现电网发生的异常情况。而当电网发生事故或者异常时，在上送的大量信息中，往往是告知类的信息占大多数。因此，D5000 系统的实时告警监视模块对上传的告警信息进行分类显示的同时，将事故、异常、越限、变位四类告警信息显示在综合告警窗口。窗口上半部分是保持窗，已动作未复归的信息在保持窗显示；窗口的下半部分是实时窗，告警信息的动作、复归在实时窗显示。如图 3-13 所示，“板桥站/622/弹簧未储能”动作之后复归，则不在保持窗显示，“华苑/2 号主变/1 组散热器控制系统故障”动作之后未复归，则显示在保持窗口。

综合告警 | 电力系统 | 告警直传 | 事故 | 异常 | 越限 | 变位 | 告知 | SOE | 工况

序号	确认状态	级别	内容
...	未确认	2	2019-06-15 15:31:54.032 ××高场/220kV.2213/测控装置通信中断 告警
...	未确认	2	2019-06-15 15:31:58.420 ××高场/220kV.2213/线路保护B通信中断 告警
...	已确认	2	2019-06-16 01:00:30.920 ××孟港后/220kV.2号主变/冷却控制箱2组散热器电机未运转 告警
...	已确认	2	2019-06-16 01:00:30.980 ××孟港后/220kV.2号主变/冷却控制箱1组散热器电机未运转 告警
...	已确认	2	2019-06-16 03:06:35.993 ××孟港后/220kV.3号主变/冷却控制箱1组散热器电机未运转 告警
...	已确认	2	2019-06-16 03:06:36.093 ××孟港后/220kV.3号主变/冷却控制箱2组散热器电机未运转 告警
...	已确认	2	2019-06-16 07:04:33.508 ××华苑/220kV.2号主变/1组散热器控制系统故障 告警
...	已确认	2	2019-06-16 07:04:33.508 ××华苑/220kV.2号主变/2组散热器控制系统故障 告警

序号	确认状态	级别	内容
...	已确认	3	2019-06-16 22:54:00 ××杨柳青/35kV.4母线 线电压3 37.49 越上限1 37.40 (100.23%)
...	已确认	3	2019-06-16 22:54:00 ××杨柳青/35kV.5母线 线电压3 37.49 越上限1 37.40 (100.23%)
...	已确认	3	2019-06-16 22:54:05 ××杨柳青/35kV.4母线 线电压3 正常 37.39
...	已确认	3	2019-06-16 22:54:45 ××杨柳青/35kV.4母线 线电压3 37.40 越上限1 37.40 (100.01%)
...	已确认	3	2019-06-16 22:55:40 ××杨柳青/35kV.4母线 线电压3 正常 37.39
...	已确认	3	2019-06-16 22:56:55 ××杨柳青/35kV.4母线 线电压3 37.48 越上限1 37.40 (100.20%)
...	已确认	3	2019-06-16 22:56:55 ××杨柳青/35kV.5母线 线电压3 37.51 越上限1复归
...	已确认	3	2019-06-16 22:56:55 ××杨柳青/35kV.5母线 线电压3 37.51 越上限2 37.50 (100.02%)
...	已确认	3	2019-06-16 22:57:20 ××杨柳青/35kV.5母线 线电压3 正常 37.36
...	已确认	3	2019-06-16 23:00:05 ××杨柳青/35kV.4母线 线电压3 正常 37.30
...	已确认	2	2019-06-16 23:01:06.805 ××板桥/66kV.622/弹簧未储能 告警
...	已确认	4	2019-06-16 23:01:06.805 ××板桥/66kV.622开关 合闸
...	已确认	4	2019-06-16 23:01:09.879 ××芦台/66kV.622开关 分闸
...	未确认	2	2019-06-16 23:01:16.177 ××板桥/66kV.622/弹簧未储能 复归
...	未确认	3	2019-06-16 23:01:35 ××中心桥/10kV.5乙母线 线电压 9.60 越下限2 9.70 (98.95%)
...	未确认	3	2019-06-16 23:01:40 ××中心桥/10kV.5乙母线 线电压 正常 10.05

图 3-13 综合告警窗

实时告警监视模块对告警信息进行分类的流程如图 3-14 所示。

3.4.2 告警信息的筛选

在对告警信息进行实时监视的过程中，电网事故和异常情况往往在同一时间仅仅发生在同一个站或者有电气连接的几个站，为了更好地对当前信息进行筛选和分析，实时告警监视模块开发了按照变电站筛选信息的功能。

在如图 3-15 所示的复选框内勾选全选时，显示所有监控范围内变电站的信息。

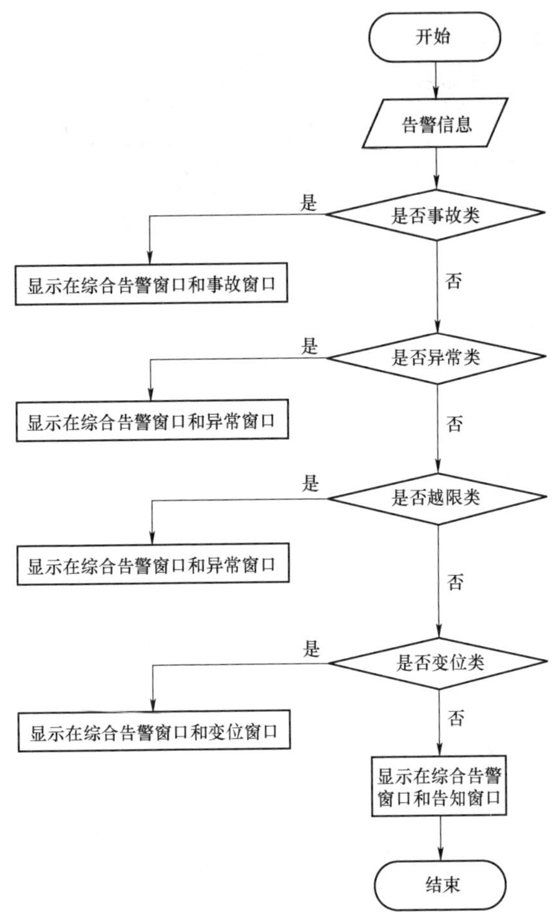

图 3-14　告警信息分类流程图

在如图 3-15 所示的复选框内勾选某一个站或某几个站时，显示的是当前所选变电站的告警信息。如图 3-16 所示，在厂站选择复选框中只勾选 A 县变电站时，告警窗只显示 A 县变电站的告警信息。

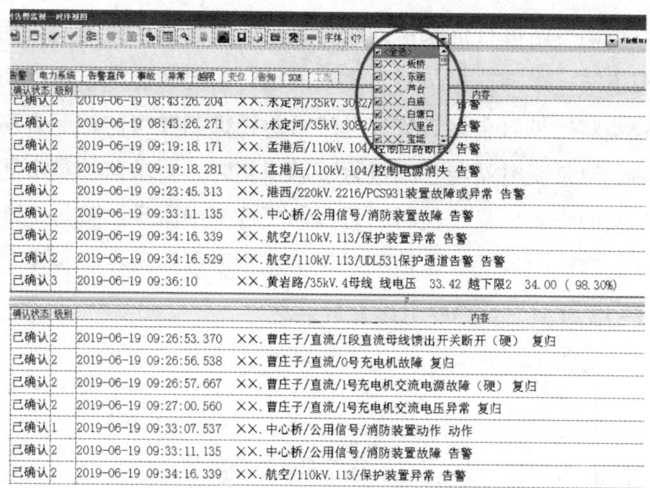

确认状态	级别	内容
已确认	2	2019-06-19 08:43:26.204 ××.永定河/35kV.3082/… 告警
已确认	2	2019-06-19 08:43:26.271 ××.永定河/35kV.3082/… 告警
已确认	2	2019-06-19 09:19:18.171 ××.孟港后/110kV.104/控制回路断线 告警
已确认	2	2019-06-19 09:19:18.281 ××.孟港后/110kV.104/控制电源消失 告警
已确认	2	2019-06-19 09:23:45.313 ××.港西/220kV.2216/PCS931装置故障或异常 告警
已确认	2	2019-06-19 09:33:11.135 ××.中心桥/公用信号/消防装置故障 告警
已确认	2	2019-06-19 09:34:16.339 ××.航空/110kV.113/保护装置异常 告警
已确认	2	2019-06-19 09:34:16.529 ××.航空/110kV.113/UDL531保护通道告警 告警
已确认	3	2019-06-19 09:36:10 ××.黄岩路/35kV.4母线 线电压 33.42 越下限2 34.00 (98.30%)

确认状态	级别	内容
已确认	2	2019-06-19 09:26:53.370 ××.曹庄子/直流/I段直流母线馈出开关断开（硬） 复归
已确认	2	2019-06-19 09:26:56.538 ××.曹庄子/直流/0号充电机故障 复归
已确认	2	2019-06-19 09:26:57.667 ××.曹庄子/直流/1号充电机交流电源故障（硬） 复归
已确认	2	2019-06-19 09:27:00.560 ××.曹庄子/直流/1号充电机交流电压异常 复归
已确认	1	2019-06-19 09:33:07.537 ××.中心桥/公用信号/消防装置动作 动作
已确认	2	2019-06-19 09:33:11.135 ××.中心桥/公用信号/消防装置故障 告警
已确认	2	2019-06-19 09:34:16.339 ××.航空/110kV.113/保护装置异常 告警

图 3－15　变电站复选框

综合告警 | 电力系统 | 告警直传 | 事故 | 异常 | 越限 | 变位 | 告知 | SOE | 工况

序号	确认状态	级别	内容
1	已确认	2	2016-10-20 19:01:30.001 ××. A县/220kV.2219/刀闸电机或控制电源空开断开 告警
2	已确认	2	2017-12-14 15:26:01.397 ××. A县/10kV.10kV母线/4母线PT二次空开断开 告警
3	已确认	2	2018-05-12 15:46:37.358 ××. A县/220kV.2246/RCS931保护通道告警 告警
4	已确认	2	2019-06-02 09:08:47.024 ××. A县/110kV.145/CSC122保护装置告警I 告警

序号	确认状态	级别	内容
1	已确认	3	2019-06-15 14:37:50 ××. A县/110kV.蓟翠一线 电流值 445.19 越上限1 444.60 (100.13%)
2	已确认	3	2019-06-15 14:37:55 ××. A县/110kV.蓟翠一线 电流值 正常 357.28
3	已确认	2	2019-06-15 16:33:50.501 ××. A县/公用信号/安防告警装置动作 复归
4	已确认	2	2019-06-15 16:33:50.601 ××. A县/公用信号/安防告警装置动作 告警
5	已确认	2	2019-06-15 16:33:51.715 ××. A县/公用信号/安防告警装置动作 复归
6	已确认	4	2019-06-15 17:05:24.306 ××. A县/10kV.2062开关 分闸
7	已确认	2	2019-06-15 19:20:04.998 ××. A县/公用信号/GPS对时装置异常 复归
8	已确认	2	2019-06-15 19:20:04.998 ××. A县/公用信号/GPS对时装置失步 复归
9	已确认	2	2019-06-16 14:20:30.952 ××. A县/10kV.2061/弹簧未储能 告警
10	已确认	4	2019-06-16 14:20:30.952 ××. A县/10kV.2061开关 合闸
11	已确认	2	2019-06-16 14:20:36.726 ××. A县/10kV.2061/弹簧未储能 复归
12	已确认	4	2019-06-16 17:00:32.229 ××. A县/10kV.2061开关 分闸
13	已确认	2	2019-06-16 23:05:41.350 ××. A县/公用信号/GPS对时装置异常 告警
14	已确认	2	2019-06-16 23:05:41.350 ××. A县/公用信号/GPS对时装置失步 告警
15	已确认	2	2019-06-16 23:05:53.278 ××. A县/公用信号/GPS对时装置异常 复归
16	已确认	2	2019-06-16 23:05:53.278 ××. A县/公用信号/GPS对时装置失步 复归

正在监视　事故，未确认 0,未复归 0;异常，未确认 0,未复归 4;越限，未确认 0,未复归 0;变位，未确认 0,未复归 0;告知，未确认 26,未复归 2;

图 3－16　A 县变电站告警信息

当某一站进行信息传动时，大量告警信息在短时间内涌入监控主站，影响监控员对整个电网运行情况的监控，这种情况下需要监控员对全站告警信息进行封锁抑制并将监控职责移交站端。但是变电站与主站进行传动工作时，要求监控员不能抑制全站的告警信息，此时，可以如复选框中所示，将传动变电站从复选框中剔除，该站的告警信息则不再显示在告警窗口。图 3－17 所示为全部变电站告警信息。

综合告警 | 电力系统 | 告警直传 | 事故 | 异常 | 越限 | 变位 | 告知 | SOE

序号	确认状态	级别	内容
...	未确认	2	2019-06-15 15:31:54.032　××.高场/220kV.2213/测控装置通信中断 告警
...	未确认	2	2019-06-15 15:31:58.420　××.高场/220kV.2213/线路保护B通信中断 告警
...	已确认	2	2019-06-16 01:00:30.920　××.孟港后/220kV.2#主变/冷却控制箱2组散热器电机未运转 告警
...	已确认	2	2019-06-16 01:00:30.980　××.孟港后/220kV.2#主变/冷却控制箱1组散热器电机未运转 告警
...	已确认	2	2019-06-16 03:06:35.993　××.孟港后/220kV.3#主变/冷却控制箱1组散热器电机未运转 告警
...	已确认	2	2019-06-16 03:06:36.093　××.孟港后/220kV.3#主变/冷却控制箱2组散热器电机未运转 告警
...	已确认	2	2019-06-16 07:04:33.508　××.华苑/220kV.2#主变/1组散热器控制系统故障 告警
...	已确认	2	2019-06-16 07:04:33.508　××.华苑/220kV.2#主变/2组散热器控制系统故障 告警

序号	确认状态	级别	内容
...	已确认	3	2019-06-16 23:00:05　××.杨柳青/35kV.4母线 线电压3 正常 37.30
...	已确认	2	2019-06-16 23:01:06.805　××.板桥/66kV.622/弹簧未储能 告警
...	已确认	4	2019-06-16 23:01:06.805　××.板桥/66kV.622开关 合闸
...	已确认	4	2019-06-16 23:01:09.879　××.芦台/66kV.622开关 分闸
...	已确认	2	2019-06-16 23:01:16.177　××.板桥/66kV.622/弹簧未储能 复归
...	已确认	3	2019-06-16 23:01:35　××.中心桥/10kV.5乙母线 线电压 9.60 越下限2 9.70 (98.95%)
...	已确认	3	2019-06-16 23:01:40　××.中心桥/10kV.5乙母线 线电压 正常 10.05
...	已确认	4	2019-06-16 23:05:33.392　××.利民道/10kV.2052开关 分闸
...	已确认	2	2019-06-16 23:05:41.350　××.A县/公用信号/GPS对时装置异常 告警
...	已确认	2	2019-06-16 23:05:41.350　××.A县/公用信号/GPS对时装置失步 告警
...	已确认	2	2019-06-16 23:05:53.278　××.A县/公用信号/GPS对时装置异常 复归
...	已确认	2	2019-06-16 23:05:53.278　××.A县/公用信号/GPS对时装置失步 复归
...	已确认	2	2019-06-16 23:18:37.808　××.东丽/公用信号/对时装置失步 告警
...	已确认	2	2019-06-16 23:19:11.760　××.东丽/公用信号/对时装置失步 复归
...	已确认	2	2019-06-16 23:20:34.300　××.中心桥/35kV.35kV母线/5乙母差装置通信中断 告警
...	已确认	2	2019-06-16 23:22:52.848　××.中心桥/35kV.35kV母线/5乙母差装置通信中断 复归

图 3－17　全部变电站告警信息

图 3－18 显示的是剔除 A 县变电站之后，告警窗显示的告警信息。可以看到，与图 3－17 相比，告警窗中所有 A 县变电站的告警信息已不再显示。

3.4.3　传动区

当某一变电站的某一间隔进行信息传动时，同样会遇到信息不能抑制或间隔不能挂牌的问题。针对此种问题，特开发了传动区功能。图 3-19 所示为传动区设置窗口，可以在此窗口将某一间隔移入或移除传动区。

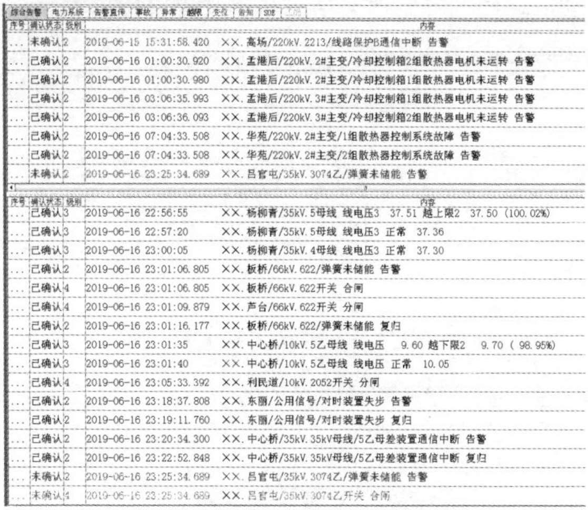

综合告警 | 电力系统 | 告警直传 | 事故 | 异常 | 越限 | 变位 | 告知 | SOE

序号	确认状态	级别	内容
...	未确认	2	2019-06-15 15:31:58.420 ××.高场/220kV.2213/线路保护B通信中断 告警
...	已确认	2	2019-06-16 01:00:30.920 ××.孟港后/220kV.2#主变/冷却控制箱2组散热器电机未运转 告警
...	已确认	2	2019-06-16 01:00:30.980 ××.孟港后/220kV.2#主变/冷却控制箱1组散热器电机未运转 告警
...	已确认	2	2019-06-16 03:06:35.993 ××.孟港后/220kV.3#主变/冷却控制箱1组散热器电机未运转 告警
...	已确认	2	2019-06-16 03:06:36.093 ××.孟港后/220kV.3#主变/冷却控制箱2组散热器电机未运转 告警
...	已确认	2	2019-06-16 07:04:33.508 ××.华苑/220kV.2#主变/1组散热器控制系统故障 告警
...	已确认	2	2019-06-16 07:04:33.508 ××.华苑/220kV.2#主变/2组散热器控制系统故障 告警
...	未确认	2	2019-06-16 23:25:34.689 ××.吕官屯/35kV.3074乙/弹簧未储能 告警

序号	确认状态	级别	内容
...	已确认	3	2019-06-16 22:56:55 ××.杨柳青/35kV.5母线 线电压3 37.51 越上限2 37.50 (100.02%)
...	已确认	3	2019-06-16 22:57:20 ××.杨柳青/35kV.5母线 线电压3 正常 37.36
...	已确认	3	2019-06-16 23:00:05 ××.杨柳青/35kV.4母线 线电压3 正常 37.30
...	已确认	2	2019-06-16 23:01:06.805 ××.板桥/66kV.622/弹簧未储能 告警
...	已确认	4	2019-06-16 23:01:06.805 ××.板桥/66kV.622开关 合闸
...	已确认	4	2019-06-16 23:01:09.879 ××.芦台/66kV.622开关 分闸
...	已确认	2	2019-06-16 23:01:16.177 ××.板桥/66kV.622/弹簧未储能 复归
...	已确认	3	2019-06-16 23:01:35 ××.中心桥/10kV.5乙母线 线电压 9.60 越下限2 9.70 (98.95%)
...	已确认	3	2019-06-16 23:01:40 ××.中心桥/10kV.5乙母线 线电压 正常 10.05
...	已确认	4	2019-06-16 23:05:33.392 ××.利民道/10kV.2052开关 分闸
...	已确认	2	2019-06-16 23:18:37.808 ××.东丽/公用信号/对时装置失步 告警
...	已确认	2	2019-06-16 23:19:11.760 ××.东丽/公用信号/对时装置失步 复归
...	已确认	2	2019-06-16 23:20:34.300 ××.中心桥/35kV.35kV母线/5乙母差装置通信中断 告警
...	已确认	2	2019-06-16 23:22:52.848 ××.中心桥/35kV.35kV母线/5乙母差装置通信中断 复归
...	未确认	2	2019-06-16 23:25:34.689 ××.吕官屯/35kV.3074乙/弹簧未储能 告警
...	未确认	4	2019-06-16 23:25:34.689 ××.吕官屯/35kV.3074乙开关 合闸

图 3-18　剔除 A 县变电站之后的告警信息

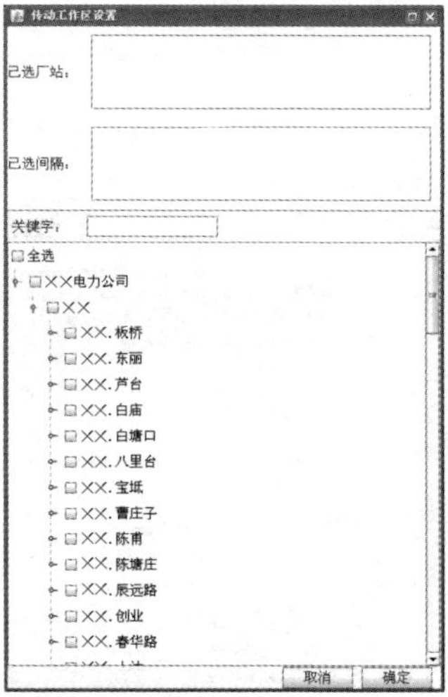

传动工作区设置

已选厂站：

已选间隔：

关键字：

全选
××电力公司
××
××.板桥
××.东丽
××.芦台
××.白庙
××.白塘口
××.八里台
××.宝坻
××.曹庄子
××.陈甫
××.陈塘庄
××.辰远路
××.创业
××.春华路

取消　确定

图 3-19　传动区选择框

将某一间隔移入传动区，该间隔内的所有告警信息不在告警窗显示。如图 3-20 和图 3-21 所示，将芦台变电站 622 间隔移入传动区，此间隔的所有信息将不在告警窗显示。

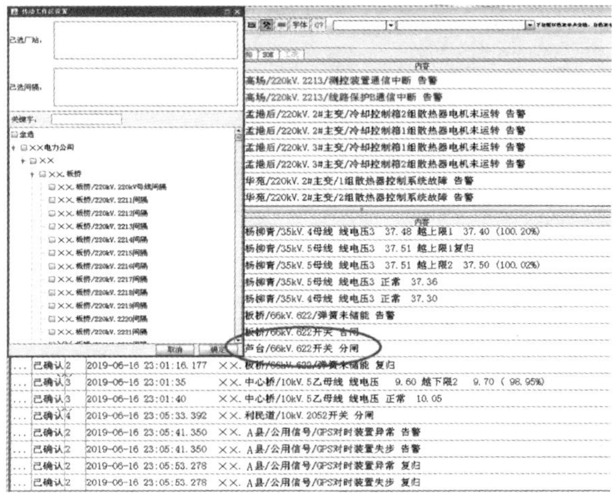

图 3-20　芦台变电站 622 间隔移入传动区之前

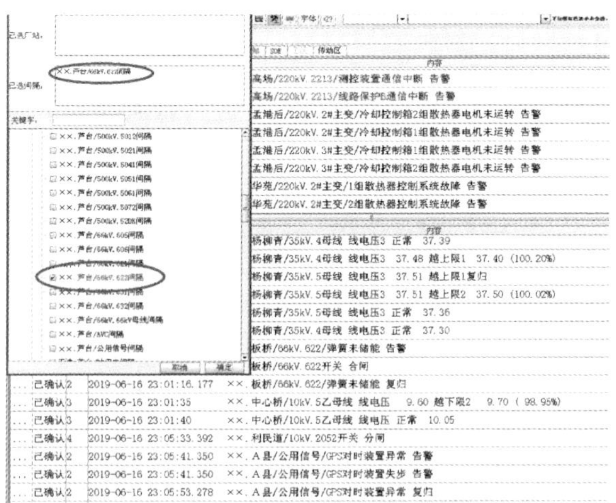

图 3-21　芦台变电站 622 间隔移入传动区之后

3.4.4　告警信息折叠

当设备运行异常时，会出现同一告警信息在短时间内频繁动作、复归的情况，可能在短短的几分钟内有几百条告警信息显示在告警实时窗。如此海量的信息涌入，造成告警窗刷屏，影响监控员的正常监视。

针对上述问题，开发了告警信息的折叠功能：对于任一告警信息，若本次动作与上次动作的时间差小于设定的时间间隔，则将两条信息合并为一条显示，并在显示信息后面的括号内标明实际动作次数，依次类推，则可将多条动作时间差小于设定时间间隔的信息折叠为一条记录，避免了告警信息频发对监控员正常监视的不良影响。如图 3－22 所示，“杨柳青/35kV.4 母线线电压 2 越上限 1”告警信息动作了 13 次，合并显示为 1 条记录。若想查看具体每条的动作情况，可以将折叠信息显示。

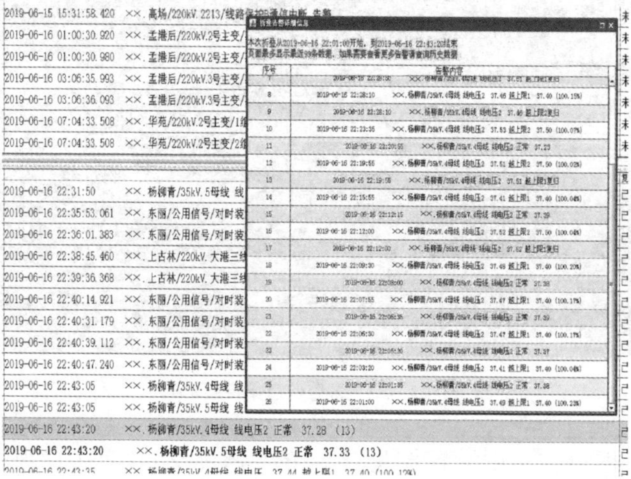

图 3－22　告警信息折叠

3.4.5 告警信息集中展示

传统的告警窗对告警信息列表式的展示，由于告警窗篇幅的限制，随着告警信息的不断刷新，在不滚动页面的情况下只能在实时窗看到当前页面的几十条告警信息，使得监控员对于当值发生的告警信息难以直观的全局掌握，且在告警信息短时间内大量涌入的情况下，容易遗漏信息。针对这些问题，开发了告警信息集中展示模块，如图 3-23 所示。

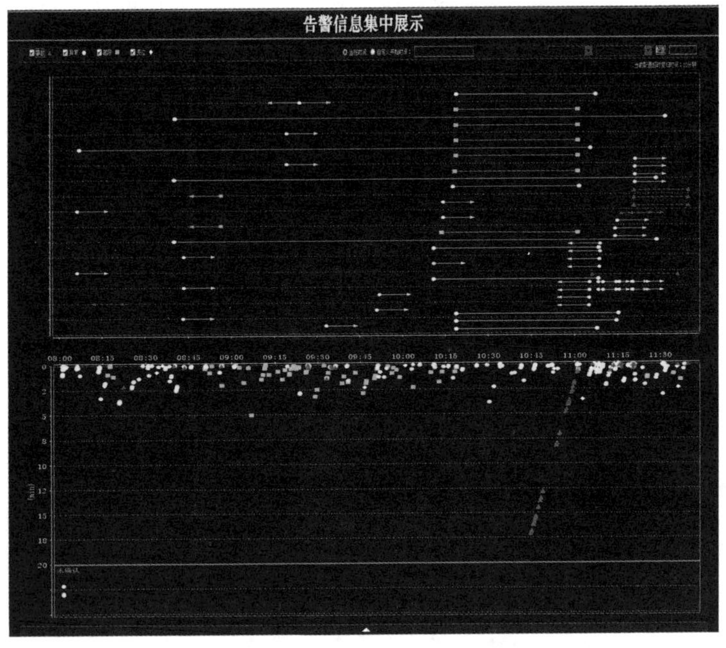

图 3-23　告警信息集中展示

图 3-23 中的上半部分记录的是超过设定时间值的当值告警信息的动作、复归情况。如图 3-23 中设置的超时复归时间

为 10min，则：

左边为箭头、右边为节点的线段表示：本值接班前动作且在本值复归的保持时间超过 10min 告警信息。

左右两边均为节点的线段表示：本值动作且在本值复归的保持时间超过 10min 告警信息。

左边为节点右边为箭头的线段表示：本值动作且在本值未复归的保持时间超过 10min 的告警信息。

图 3-23 中的下半部分，竖轴表示告警信息的从动作到被监控员点击确认的时间间隔，横轴表示告警信息的动作时间，蓝色线以上显示的是已经被确认的信息，蓝色线以下显示的是未被监控确认的信息。图 3-23 中可以直观地显示某一时间的某个告警信息是否被监控员点击确认，确认的时间间隔，是否有未被确认的信息，当大量告警信息短时间内涌入告警窗时，从技术上提醒监控员避免遗漏信息。

3.4.6 告警信息智能化处理的技术诉求

以上介绍了告警信息智能化处理的各种方式和模块，经过这些智能化处理，监控人员在梳理告警信息时大大减少了工作量，减轻了信息干扰度，可以更加清晰的掌握电网运行情况，为监控安全运行提供保证。但是在实际的生产中，还存在一些需要改进的地方。

（1）瞬时复归的异常类或者越限类信息，代表的是设备运行时发生了异常状况，此时异常类告警信息动作，但是异常状况持续时间短，在自动恢复正常运行状态之后，告警信息复归。这种情况下，告警信息可以添加一个延时功能，在某一时间范围内，告警动作之后复归，可以不上实时窗，以减少监控人员的工作量，同时又不影响对电网情况的实时监视。注意，事故类和变位类的告警信息，即便瞬时动作复归，也应显示，此类信息只要动作，就代表了电网情况的改变，应当引起注意。

（2）传动区添加提示功能。在因为检修或者信息频发，而将某一间隔或者整站放入传动区后，传动区并不在实时告警监视界面有所变化，无法直接观测到传动区是否已放入某个间隔或者变电站。当检修传动工作结束或者缺陷消除时，监控运行人员有时会遗漏传动区的内容，导致失去对某一个间隔或者变电站的监控，是非常危险的风险点。针对这种情况，一是可以效仿信息筛选的界面，当传动区放入某一间隔或者变电站时，传动区图标颜色发生变化，二是可以设置一个定时循环提醒功能，交接班前后以及每隔一段时间，实时告警监视系统就弹出一个提示窗口，告知监控运行人员，目前在传动区保留哪些间隔和变电站，以技术手段最大限度地保证信息不遗漏。

（3）当对某一间隔进行信息筛选时，如将××站××间隔剔除告警窗，会导致信息遗漏的问题，这是因为有些信息不属于某一间隔，如“××站 1T 与 2T 负载率之和大于 150%”这些信息。当信息筛选是剔除××站××间隔，系统在进行运算时，不是在所有信息中剔除该间隔信息，而是保留除了这一个间隔的其他所有间隔信息，这就导致有些不属于设备间隔的信息也被误剔除，造成告警信息遗漏。这就需要系统设计人员修改算法，真正做到剔除哪个间隔，就屏蔽哪个间隔的信息。

第 4 章　云技术在电网调控运行中的应用

当前中国电网是利用先进的信息通信和控制技术，构建以信息化、数字化、自动化、互动化为特征的自主创新、国际领先的智能电网。其特征包括在技术上实现信息化、数字化、自动化和互动化；在管理上实现集团化、集约化、精益化、标准化。它的目的是充分满足用户对电力的需求和优化资源配置，确保电力供应的安全性、可靠性和经济性，满足环保约束，保证电能质量，适应电力市场化发展。要建设这样的电网信息化系统，首先要提高整个电力系统信息网络系统收集、整合、分析、挖掘数据的能力，实现电力系统的智能化、信息化互动管理，构建一个低成本的电力系统设备和信息网络；其次，为了对智能电网进行有力的支撑，在发电、输电、变电、配电、用电和调度六个环节建设一系列的智能系统，这些智能系统对可靠性、智能性、计算能力具有很高的要求，因此，需要具有极强的高可靠性、自适应性、资源弹性扩充能力和高灵活性的资源平台环境作为支撑。通过大量的理论研究和国内外诸多案例的对比分析得出：云技术具备电网信息系统建设所需要的强大的支撑能力。

针对这些构想，将“云技术”引入电力系统，通过建立电力系统云平台，充分整合系统内部的计算处理和储存资源，极大提高电网数据处理和交互能力。

面向当前电网的电力系统云平台，是为实现智能电网的各个模块而将云平台作为智能电网信息交互的重要技术，云平台将整合计算能力、存储能力等各项资源，同时基于云平台实现资源的统一调配和统一管理。依托智能电网云平台，可以实现电力调度、运行、监控、保护、输配电、营销等业务的智能化运行，一方面保证了这些业务应用的稳定性、可靠性和安全性，另一方面最大限度挖掘出硬件设施的计算效率，提升各业务应用的整体服务水平。

云技术的建设实施将对电网公司的经营模式产生重大影响，在建设实施前必须结合电网公司现有的应用对云技术的应用场景进行深入分析，找出适合电网公司的一套云技术应用模式。本章以国家电网公司为例，结合国内外应用现状、国家电网公司信息化现状以及人财物集约化管理、综合管理等业务应用情况，分析云技术建设为电网公司企业经营管理带来的变革和作用，以及电网公司经营管理中的云技术应用场景。

4.1 电网调控运行中的云技术应用

4.1.1 国家电网公司经营管理应用需求分析

（1）国家电网公司信息化现状。经过多项工程的实施，国家电网公司系统信息化水平大幅提高，信息化已实现由部门级向企业集团级的跨越发展，实现了纵向贯通、横向集成，在公司生产经营管理中发挥了重要作用。一体化信息系统已成为公司日常运转的必要辅助和有力支撑，为集团化运作提供了有力手段。

“十二五”期间，国家电网公司全面建设以特高压电网为骨干网架、各级电网协调发展的坚强电网为基础，以信息化、数字化、自动化、互动化“四化”为特征的自主创新，国际领先的坚强智能电网，在国家电网智能电网计划中，有 60% ~ 80% 的投资将用于实现远程控制、交互智能等非传统项目，电网对 IT 支撑需求将非常强烈，智能电网将成为拉动电力行业信息化需求新的增长点，智能电网计划的启动将带动电网生产运行、经营管理、客户服务以及社会能源利用模式的重大变革。

坚强智能电网的建设需要国家电网公司从信息化建设、生产运行、经营管理等方面不断地改进、创新和提升。目前，这些方面存在以下问题。

1）从信息化建设上来看，应用的一级部署和数据中心系统都需要更多的计算资深，其海量的需求量远远高于对计算资源的需求量，需要大量设备的投入以及机房的建设。传统的建设方式下，各个应用范围内的资源相互独立，形成资源孤岛，资源无法进行共享；另外，应用对资源的需求本身成周期性变化，时高时低，导致有时候资源不够用，有时候资源大量闲置。在传统的建设方式下，资源平均利用率低，一般不超过 5%，致使在计算资源大规模浪费的情况下，新的计算资源建设仍然持续大量的投入，最终使企业信息化建设成本大量增加。

营销系统、ERP 系统核心类应用的运行及维护需要更高的可靠性要求，需要 7×24h 不间断性地提供服务。因自然灾害等原因，数据中心可能出现大规模容机事故，导教营销系统、ERP 系统在较长时间内难以恢复，造成巨大损失。

大集中式的数据中心对设备的需求、采购、安装、投运周期长；对运维来说，大量的设备投入需要大量的运维人员，其专业知识的要求限制了运维的发展，传统方式下，一人管几十台机器已经是极限。在智能电网时代，这一些智能系统对建设周期的要求，对业务需求响应时间的要求，如几天之内部署几百台服务器或者几天内对几百台服务器进行版本更新，传统的方式很难或者基本无法满足。

诸如营销系统等具有大规模用户并发处理系统的计算资源

需求波动较大的系统，需要一套弹性可伸缩的环境做支撑。如果采用传统的硬件部署方式，在遇到较大峰值的处理时，将造成系统响应时间缓慢，甚至崩溃。传统的集群应用系统，在计算力的扩展上仍然受限制于集群中硬件设备的数量，无法达到无限扩展的效果。

2）从企业管理和办公上来看，国家电网公司的大部分员工，很大程度上依赖于个人计算机来处理日常事务。一方面，个人办公过程中会在计算机上安装各种操作系统、软件等，单台计算机的维护消耗的人力可能并不大，但整个国家电网系统个人计算机总和是相当大的一个数字，这些计算机的维护工作量也是相当大的。国家电网没有建立统一的个人计算机桌面，不能对大量计算机一起做维护与升级，这就造成了大量人力的浪费。另一方面，企业内部很多工作都需要走各种电子流程，很多文档信息都需要通过信息网络传输，而很多员工由于工作原因经常出差，不能及时地进行相关事务的审核和信息传输，导致该项工作进度停滞不前。由于信息传输机制的制约，很多工作信息不能及时在员工之间进行交流，生产经营管理达不到理想的效果。

3）从信息安全上来看，国家电网公司已通过安全软件、硬件等建立相应的安全系统和安全保护措施。但是智能电网的建设需要信息系统之间共同协作，应用系统之间不再孤立地存在，相互之间必须存在信息的交互，信息系统很多模块需对外开放相应自权限，这就对企业信息安全提出更高的要求。企业信息和企业信息系统面临泄露、中断、修改和破坏的风险，企业信息和企业信息系统的保密性、完整性、真实性、可用性得不到强有力的保障，在出现安全问题和事故后没有可靠的补救机制，企业的应用运行环境因“不可抗力”的灾难破坏后没有相应的自动恢复机制。这些安全问题都将给企业生产和经营管理带来巨大的安全隐患。

因此，电网应用的建设需要日益迫切地解决这些传统的难题，云技术为智能电网建设提供高可靠性、自适应性、资源弹性扩充能力和高灵活性的平台级支撑，是电网数据中心建设不可缺少的部分。

（2）云技术对企业经营模式的变革。随着市场竞争的日趋激烈，用户需求的多样化和重要性的不断提升，方方面面都在要求通过信息化快速提升生产力水平。这不仅有助于直接将信息资源转化为收益，同时还能让服务业的管理方式从粗放型向精确型转变，提升整体的知识技术水平，强化企业的竞争实力，扩大电力企业的营销范围，加强营销的针对性，以及促进企业的用户关系管理水平。作为信息化的基础特征，节约交易成本、促成产业创新以及提高运营效率，也是目前电力企业不可缺少的。

云技术建设将 IT 成本从资本支出转变为经营费用，降低数据中心运营成本，提高基础设施利用率并简化资源管理，使数据中心实现更高水平的自动化，同时降低管理成本，按需配置，消除为满足需求而过量配置的情形。利用云技术，可以在极短时间内扩展到巨大容量。开发周期短，无需二次开发，各种插件依靠 Paas 平台即可实现。而“免代码”特性允许用户根据公司业务流程自行定制 Saas 软件，用最短的时间生成企业专属管理系统。

云技术具有强大的计算能力、高可用性、随需应变的动态资源分配特性、更快的市场响应服务，甚至更绿色环保、节能减排等商业价值和经济价值。云技术也是一种新的基础架构管理方法，能够把大量的、高度虚拟化的资源管理起来，组成一个庞大的资源池，统一提供服务。对电力企业管理而言，云技术意味着 IT 与业务相结合的一种创新管理模式，它能将 IT 转化成生产力，推动企业经营管理模式的创新。在不断增加的复杂系统和网络应用，以及企业日益讲求 IT 投资回报率和社会责任的竞争环境下，在不断变化的商业环境和调整的产业链中，云技术能够为电力企业发展带来巨大的商机和竞争。

相比软件、硬件、服务器、存储、网络等分别投资，在企业发展的不同阶段建立新的系统的传统 IT 投资和运维模式，云技术模式能够实现企业内部集约化及网络化管理格局，提高运作效率、降低运营成本，尤其在 IT 与运维人员成本方面能够产生显著的效果；此外，它还会使企业的 IT 架构更灵活，能够及时解决运营峰值的压力和快速适应市场环境的变化。如营销系统通过一级部署后，需要传递海量的信息，为了应对由此产生的峰值，国家电网公司不得不投入巨资，购置具备高计算能力的设备来应对这一巨大压力。但若使用云平台，则可以在峰值到来时把一些不重要或闲置的计算多源合理调配，用以支持短信业务，避免诸多不必要的投资。

当然，达到这种 IT 服务能力，企业需要拥有一个能够智能调配的资源池，减少资源的硬性分配，通过按需分配，对资源进行优化及最大化利用，把相关的各种应用变成一种服务目录，快速灵活地提供给用户。通过运用云技术，电力企业能够对突发的商业需求及市场变化按需调配计算资源，快速应对市场需求。

利用这种模式的云技术，CIO 可以将 IT 部门由一个传统的运营支持、设备维护的后台服务部门和成本中心转型为一个推动企业业务发展的创新中心，并通过 IT 整合能力做数据挖掘，在正确的时间把正确的数据提供给正确的业务部门/领导作出正确的决策，推出正确的产品到一个正确的市场。

这种先进的经营管理模式不是单纯靠购买软硬件就能实现的。它不只是一个技术问题，还需要与企业的发展战略和业务特点结合在一起，这种创新导向的云服务才是实现提高利润、降低成本、开拓经营目标的关键。

国家电网公司需要确定哪些应用适合做云技术、哪些不适合，规划云平台上的各类应用如何融合，并提出业务创新和技术结合的咨询报告，最终与企业战略经营及 IT 部门共同设计云技术的未来蓝图，实现落地以及后期维护方案。找到适合电力企业实现云的技术和产品，快速实现商业创新与变革、优化流程、降低成本，形成可持续发展的电力产业链。

4.1.2 电力生产控制运行应用需求分析

随着经济的发展、社会的进步、科技和信息化水平的提高以及全球资源和环境问题的日益突出，电网发展面临着新课题和新挑战。依靠现代信息、通信和控制技术，积极发展智能电网，适应未来可持续发展的要求，已成为国际电力发展的现实选择。

目前，美国、欧洲等国家正在结合各国经济社会发展特点，积极开展智能电网研究和实践工作。在国家战略方面，智能电网建设已成为国家经济和能源政策的重要组成部分，加大基础产业投资，拉动国内需求，推动劳动就业，积极应对国际金融危机。在电网发展基础方面，发达国家的电力需求趋于饱和，电网经过多年的快速发展，网架结构急定、成熟，具备较为充裕的输配电供应能力，电网新增建设规模有限。在研究驱动大方面，美国主要是对陈旧老化的电力设施进行更新改造或依靠技术手段提高利用效率，欧洲国家主要是促进并满足风能、太阳能和生物质能等可再生能源快速发展的需要。在功能目标方面，利用先进的信息化、数字化技术提升电力工业技术装备水平，提高资源利用效率，积极应对环境挑战，提高供电可靠性和电能质量，完善社会用户的增值服务。在研究重点方面，主要关注可再生能源、分布式电源发展和用户服务，提升用户服务水平和节约用电。在工作进展方面，主要处于研究和实践的起始阶段，概念和内涵还不统一，技术路线也不相同。总的来看，不同国家的国情不同，发展智能电网的方向和重点也不同。

近年来，国家电网公司深入开展了现代化电网建设运行管理的相关研究和实践工作，部分项目已进入试点阶段，大量科研成果已转化并广泛应用到实际工程中，部分电网技术和装备已处于国际领先水平，为建设统一坚强智能电网提供了坚实的技术支撑和设备保障，积累了丰富的工程实践经验。在电网网架方面，我国电网网架结构不断加强和完善，特高压交流试验示范工程成功投运并稳定运行，全面掌握了特高压输变电核心技术，后续交直流特高压工程全面推进，为加快发展坚强电网奠定了坚实基础。在大电网运行控制方面，我国具有“统一调度”的体制优势和深厚的运行技术积累，调度技术装备水平国际一流，自主研发的调度自动化系统和继电保护装置广泛应用；广域相量测量、在线安全稳定分析等新技术开发应用居世界领先地位。在研究体系方面，我国形成了目前世界上实验能力最强、技术水平最高的特高压试验研究体系，具备了世界上最高参数的高电压、强电流试验条件，实验研究能力达到国际领先水平。在发展智能电网方面，我国坚强智能电网试点工作已逐步开展，一体化的智能调度技术支持系统已完成基础平台开发；启动了高级调度中心、统信息平台和用户侧智能电网试点建设工作。在大规模可再生能源并网及分散式储能方面，国家电网公司深入开展了光伏发电监控及并网控制等关键技术研究，建立了风电接入电网仿真分析平台，在体制方面，国家电网公司业务范围涵盖从输电、变电、配电到用电的各个环节，在统一规划、统一标准、快速推进等方面存在明显的体制优势。

（1）安全接入。为落实国家对信息安全保障工作的要求，提高国家电网公司网络信息系统安全防护能力，保障公司信息化建设的安全稳定运行，强化公司内部信息安全，结合国家信息系统安全等级保护的要求，在进一步加强信息安全管理的同时，已在全公司实施网络与信息系统安全隔离方案，建设电网信息安全三道纵深防线。

通过技术改造，公司管理信息网划分为信息内网和信息外网，并实施有效的安全隔离。按照“双网双机、分区分域、等级保护、多层防护”的安全策略，通过采用自主研发的信息内外网逻辑强隔离装置，实现信息内外网系统与设备的高强度逻辑隔离，但仅允许内外网间必需的业务数据在可控的数据库通信方式下实现交换，达到数据访问过程可控、交互数据真实可靠，并禁止信息内网主机对互联网的任何访问。在新时期，为充分满足经济社会发展和电力负荷高速持续增长的需求，确保电力供应的安全性和可靠性，提高电力供应的经济性，提高电网接入可再生资源的能力和能源供应的安全性，为用户提供优质电力和增值服务，提高电力企业的运行、管理水平和效益，增强电力企业的竞争力，国家电网公司提出了建设坚强型智能电网的战略目标。国家电网公司在发电、输电、变电、配电、用电、调度等环节启动了智能电网建设，其中包含用电信息采集系统、输变电设备状态在线监测系统、电力光纤到户、电动汽车充电管理系统、95598、配电自动化系统以及智能变电站系统等。

随着具有“信息化、自动化、互动化”特征的智能电网的建设，今后电网通信系统、自动化系统、信息系统的结构、部署与运行方式将发生较大变化，加大了信息安全风险，信息安全防护工作将面临新问题、新挑战和新需求。

1）完善的智能电网信息安全标准规范尚未建立。智能电网的信息安全工作应本着“标准先行”的原则，从建设初期利用规范、标准的方法解决发现的信息安全问题。结合当前智能电网试点工程的建设，国家电网公司已同步开展了信息安全防护工作。根据国家电网公司信息安全防护“三同步”原则，应尽快建立统一的智能电网信息安全标准规范，制订并完善各环节信息安全防护方案，指导智能电网信息安全工作的有序开展。

2）现有的信息安全隔离体系面临新的需求。随着智能电网互动化的发展，信息外网展现的内容越来越丰富。除了传统的各种数据库数据，智能电网光纤到户、95598 互动化网站、电子文档、图片和视频等数据以及基于 SAP 等成熟套装软件的各类业务系统数据也将频繁地在信息内外网之间进行交互，这些都给现有的信息安全隔离体系提出了新的需求和挑战。

3）通信网络环境更加复杂，用户侧安全隐患增加。智能电网通信网络环境将更加复杂，CPRS/CDMA/3G，WiFi，ZigBe、电力线通信（BPL）、智能传感网络等无线通信技术广泛应用，进一步加大了信息安全防护的难度。此外，随着国家电网公司光纤到户和 95598 的建设，网络边界进一步向用户侧延伸，用户侧安全隐患增加，信息安全保障的防护范围和防护能力需要进一步增强，智能电网环境下如何解决基于互联网的安全传输问题也是公司信息安全防护面临的主要问题之一。随着各种智能终端设备的接入，如何保障这些终端的自身安全，防止智能终端自身的敏感数据泄露以及终端被反向控制，也是公司当前信息安全工作面临的主要问题之一。

4）智能电网业务系统安全隐患越显突出。智能电网信息系统架构更加复杂、集成度更深、系统间的交互更加频繁，业务系统自身安全定性与脆弱性问题更加突出。如何加强智能电网各环节业务系统在设计、开发、上线、运维、下线等全生命周期各阶段的安全管控也是公司面临的主要问题之一。

5）风险评估和等级保护的要求。智能电网的新特征、新系统的上线以及新技术新设备的应用，使智能电网在发电、输电、变电、配电、用电、调度中各业务系统对信息安全风险评估技术和等级保护标准提出了新的要求。

先进的通信、信息、控制等应用技术是实现“智能”的基础，标准规范是建设强智能电网的制度保障，关键的技术手段是业务系统安全稳定运行的支撑。因此，尽快开展智能电网信息安全标准规范和安全防护关键技术研究，对智能电网业务系统安全稳定运行至关重要。

（2）海量存体。随着智能电网的建设，电网规模越来越大，数字化电网、数字化变电站等研究应用不断深入，系统面对的采集点越来越多。一个中等规模地区的采集量可以达到 2 万～101 万，而一个大型地调未来可能面临 50 万～100 万的数据采集规模，一年的数据存储规模将从目前的吉字节级转向太字节级；此外，随着调度自动化水平的不断提高，提出实时运行数据不采用周期性采样存储而是按照实际时间序列连续存储的更高的要求，以满足更多的应用需求，这也将导致数据存储规模数十倍的增长。与此同时，历史数据的存储组织策略以及查询检索策略也变得相当复杂。另外，PMU 采集装置的普及以及广域动态监测系统 WAMS 的发展，带来了更加突出的海量电力信息数据存储问题。

相对 RTU 数据采集而言，PMU 采集的一个突出特点就是采集频率非常高，达到每秒 25、50 帧，甚至 100 帧，且对所有数据必须完整保存。因此，在相同采集点的情况下，其数据存储规模将是稳态数据的数百到上千倍。根据理论测算，对于 25 帧/s 采集频率的 PMU 装置，存储 1000 个向量一年所需的存储容量大约为 9.3TB。因此，无论从写入速度还是查询效率上来说，采用常规的关系数据库来存储这些海量信息都将很难满足应用的需求。

伴随智能电网的建设，开展海量电力信息存储技术的研究就非常必要和迫切，主要基于下列原因：① 电网规模不断扩大带来的电网调度自动化系统和广域动态监测系统超大规模数据采集存储的迫切需求；② 电网调度自动化系统和广域动态监测系统本身技术进一步发展的迫切需求；③ 能够突破现有动态信息数据库应用中的局限，更好地适应我国电力系统的特点；④ 打破国外公司对该领域的垄断，形成完全的自主知识产权，能够为国家电网公司节省大量的软件外购费用。

（3）实时监测。国家电网公司“十二五”规划明确要求，在智能电网发电、输电、变电、配电、用电、调度各环节，全面提升对业务操作与管理进行全面、科学的监测分析能力；要支持对各类能源的并网接入分析，满足智能电网环境下的动态运行监测、智能线路巡检、智能设备诊断及状态评估、自动故障定位等业务要求；要能够支持对用户用电能效、电能质量的分析，支撑满足差异化用户需求的电能服务要求；要能够实现对电网各类资源的优化配置分析。

基于上述规划要求及建设现状，未来在电网实时监测领域引入云技术，充分利用云技术体系架构提供的计算性能、存储能力及 IT 管理效率，有效解决各类实时监测系统分布异构、计算复杂、使用烦琐、维护困难等实际问题，从而进一步促进电网实时监测的可持续发展，全面支撑实时监测安全、稳定、高效地运行。

（4）智能分析。智能分析对数据的处理有很高的要求，因此，应向专业化、集约化和服务化的方向发展。专业化有利于培养高级数据分析挖掘团队，提升智能决策水平；集约化使专业人才团队相对集中，提高高级人才资源的使用效率；服务化是在集约化发展的同时，通过未来“云技术”等方式，将专业分析团队的工作成果以服务的形式，满足各地的智能决策需求。在“专业化、集约化、服务化”的智能决策建设思路下，建设三级智能决策体系。以国家电网公司为主干建设的“云”服务，主要负责面向整个系统的分析应用，各地可按需调用相关的智能决策应用服务。以大区域网省公司建立覆盖该地区的智能决策服务中心，主要负责区域范围内的智能决策需求。各公司可根据自身特色建立一定规模的智能决策平台，解决具有地方特点的需求。在三级服务体系中，国家电网公司以及大区域网省公司的智能决策“云”，主要针对战略决策以及经营决策中相关的分析主题，而地方级的智能决策平台主要承担实时及准实时的电网监控和运行决策的任务。

4.2 电力云技术的体系架构设计

4.2.1 总体架构

智能电网云体系架构可描述成从硬件到应用程序的传统层级服务，倾向于提供如下三个类别的服务：基础设施即服务、平台即服务、软件即服务，涉及基础设施、资源管理、应用管理三个层次以及包括安全、运维在内的多个维度。智能电网云体系架构把各种层级组合在一起，根据云技术的服务模型、关键技术及智能电网信息化需求，提出云技术在智能电网中的应用场景总体架构。

4.2.2 基础设施层

基础设施层通过网络作为标准化服务提供基本存储和计算能力。为了满足智能电网建设要求，适应爆炸性增长的电网数据存储处理需求，智能电网云基础设施包含了大量高性能服务器和海量存储设备。智能电网云体系架构中整合了软件方面的国产安全系统，以及硬件方面的×86 服务器、存储系统、智能表计、移动终端和网络设备，这些设备由多业务系统共用，并可用来处理从应用程序组件到高性能计算应用程序的工作负荷。通过向用户提供硬件计算能力和存储闲置空间，有效使用云硬件资源，提高资源利用率，避免资源闲置和业务局部分布不均，并通过 las 的方式，给用户提供基础硬件设施服务。

智能电网云核心机理是将一个业务事务分布到上千台服务器上分别计算，然后统合成结果。通过×86服务器、存储设备及网络设备的无缝集成，架构智能电网云体系的基础硬件平台，解决了松散耦合的计算模式在处理强关联结构化数据（关系型数据库）中的技术障碍，如memory wall问题（不同计算节点在处理过程中需要进行大量的协同通信，当计算节点数量达到一定程度后，节点协同造成的性能损耗已经超过添加节点的性能，系统并发能力就难以继续提高）。如何选择并无缝集成硬件平台，也是智能电网云硬件设施搭建的核心。

智能电网云核心功能是计算力的集中和规模性突破，其对外提供的计算类型决定了其硬件基础架构。从用户需求看，智能电网云通常需要规模化地提供以下几种类型的计算力：① 高性能的、稳定可靠的高端计算，主要处理紧耦合计算任务，这类计算不仅包括对外的电力数据库、商务智能数据挖掘等关键服务，也包括自身模型、调度计费等核心系统，通常由32颗以上的大型服务器提供；② 面向众多普通应用的通用型计算，用于提供低成本计算解决方案，这种计算对硬件要求较低，一般采用高密度、低成本的超密度集成服务器，以有效降低调度云数据中心的运营成本和终端用户的使用成本；③ 面向电力科学计算、电力潮流计算、电力调度 N–1计算等业务，提供百万亿、千万亿次计算能力的高性能计算，其硬件基础是高性能服务器集群；④ 海量数据存储海量实时数据查询在线分析等业务，提供秒级千万级别的海量数据事务处理能力，其硬件基础是海量存储设备。同时，海量实时的大规模数据通信及业务协同，是保证调度系统正常高效运作的必要条件，其硬件基础是广域网络设备。因此，大型服务、高密度服务器、高性能服务器集群、海量存储设备、广域网络设备构成智能电网云的基础硬件。

4.2.3 资源管理

智能电网云技术体系的资源包括存储资源、计算资源、网络资源、基础设施资源等。智能电网云资源系统从逻辑上把这些资源耦合起来作为一个整体的集成资源提供给用户。用户与资源代理进行交互，代理向用户屏蔽了资源使用的复杂性。从智能电网云体系架构的角度看，云体系整合了统一的服务访问接口，屏蔽了下层的分布式计算、实时数据库、普通数据库、分布式文件等功能模块，并配合安全、运维、分布式统一资源管理等控制模块，向用户提供统一的服务接口和平台服务。从服务生产商或消费者的角度看，智能电网云提供一个封装式平台服务，用户通过 API 与该平台互动，而且该平台执行一切必要的操作来管理和扩展其本身，以提供规定的服务水平，为用户创造核心价值。

从功能实现角度来看，智能电网云技术资源管理系统的基本功能是接收来自云技术用户的资源请求，并把特定的资源分配给资源请求者，合理地调度相应的资源，使请求资源的作业得以运行。一般而言，为实现上述功能，云技术资源管理系统应提供资源发现、资源分发、资源存储和资源的调度四种基本服务。资源发现和资源分发提供相互补充的功能。资源分发由资源启动且提供有关机器资源的信息或一个源信息资源的指针，并试图去发现能够利用该资源的合适的应用。而资源发现由网络应用启动并在云技术中发现适于本应用的资源。资源分发和资源发现以及资源存储是资源调度的前提条件，资源调度实施把所需资源分配到相应的请求上去，包括通过不同结点资源的协作分配。

4.2.4 应用管理

应用管理层依据软件即服务的理念，根据需要提供面向服务的一整套应用程序。该软件的单个实例运行于智能电网云上，并为多个最终用户或客户机构提供服务。在整个云体系架构中，通过整合智能电网六大环节应用，向用户提供统一的业务访问平台，让用户感觉到业务不是分隔的，而是整体的智能电网业务解决方案，同时引入面向服务的架构（SOA），把软件作为服务来提供。

智能电网云技术应用管理研究在智能电网支持系统的已有成果基础上，进行了探索性的研究和分析。结合云技术的理念并充分借鉴了 IR 业界在云技术方面的研究成果，从 IT 角度构建了生产、管理、控制中心层面的智能电网云体系架构。同时从公司层面对云技术的部署形式及所提供的按需服务进行了探索性的研究和分析，形成了资源和管理适度集中的云部署方案，充分发挥了云技术作为智能电网运行控制和生产管理重要技术支撑手段的作用。

4.2.5 安全管理

信息安全防护是智能电网云技术实用化的前提条件，主要包括云平台以及云技术环境下各应用模块的安全防护机制。首先在各云设施之间建立良好的访问控制和认证授权机制，保证内部资源的全面共享及权限控制。在此基础上，研究云技术环境下各应用模块的等级保护措施，包括安全域划分、安全保护级别的确定和等级管理、等级化安全体系设计、定级后的安全运维、等保测评等。关键技术如下。

（1）访问控制。不同数据访问权限的用户所看到的或可修改的数据范围不同。目前的主流技术是基于身份的访问控制。用户身份管理和权限管理相分离，可以大大减少系统需维护的用户账号和密码数量，并且可以实现大范围的集中式网络安全管理。提供基于身份的分布式安全存储架构，由第三方可信中心 TA 标识和维护用户身份，可以与企业人力资源管理中心结合，也可以与互联网认证基础设施兼容，以达到分布式用户身份认证的高效性。数据中心只关心身份的权限，在接受访问时只需验证用户身份，依据（2）安全访问。它包括存储和传输两方面。为保障数据存储安全，系统的数据加用户身份以及本地存储的访问控制列表进行访问控制。

（2）安全访问。基于虚拟化提供操作系统加固功能。采用强制访问控制策略，对虚拟主机中的所有应用程序进行安全控制，使虚拟主机上不能任意安装应用程序，从而杜绝了感染病毒木马的可能性。通过对程序执行安全控制及文件一致性校验，实现了在程序白名单中且通过一致性校验的程序能在系统上运行；程序执行后只能访问该程序授权访问的数据文件，使病毒不会获得执行的机会，从根本上防止了病毒、恶意代码和流氓软件。

（3）安全接入。各云技术节点、云存储节点、云客户端之间通信协商传输会话密钥，用会话密钥保护传输过程中的控制指令、传输的业务数据，并进行完整性保护，实现数据的安全隔离。

4.2.6 运维管理

现代 T 运维的特点包括：资源高度集成，随需应变满足业务发展，以技术创新推动管理创新；管理系统高度集中，统一管控，分级维护；高度重视信息安全，提高运维效率。在智能电网云环境下，建立一体化的运维技术平台，实现全面覆盖应用生命周期的资源管理调度。主要运维功能如下：

（1）硬件维护。硬件维护包括运维流程、硬件配置管理和运维文档库三大模块。运维流程覆盖服务台、服务请求、事件管理、变更管理、问题管理、发布管理等硬件运维全过程，通过一个单一的职能流程来控制和管理整个云技术环境中的硬件变更，并和资源管理建立接口。

（2）资源维护。根据当前计算/存储资源的使用情况，对所有资源进行统一调度。资源调度模块在多个管理节点上以对等模式部署，提供不间断的资源调度管理功能，支持多种资源分配策略，并区分全局性策略和实例级策略。全局性策略适用于所有资源的分配，实例级策略只对单台虚拟机发挥作用。

（3）服务维护。在服务需求表达基础上，提出按需服务模型，指导对虚拟化资源进行优化和服务质量管控。综合考虑服务特征、用户需求和应用特征，结合数据在大规模云平台上的布局和组织，建立包括空间代价和时间代价在内的代价模型，并根据用户服务需求建立优化模型，指导云平台的优化调整。并能对云平台及其服务运行情况进行实时监测，使运维人员能对运行中的非正常现象进行及时处理。

4.3 电力云技术的应用模式

4.3.1 云技术在国家电网公司经营管理中的应用场景

云技术能够把 IT 基础资源、应用平台、软件应用作为服务通过网络提供给用户。

与传统的 IT 投资和运维模式相比，云技术模式能够实现电力企业内部集约化和精细化管理，从而提高运作效率、降低运营成本。下面从 IT 资源整合、IT 资源运维、信息系统建设、信息化办公几个方面来分析云技术在企业经营管理中的应用。

通过云技术对 IT 资源进行构建后，应用的计算能力可通过云平台进行灵活按需分配。传统的数据中心通过物理服务器支撑应用运行，据统计这种模式下各网省的基础资源利用率不到 10%，使得大量的资源空闲浪费。而通过 las 云技术构建后，资源利用率可以达到 60%以上。按此推算，las 构建的数据中心要比传统方式构建的数据中心在硬件成本上节约 60%以上。

新的应用建设过程中一般需要对硬件进行采购，采购流程复杂而且周期较长，耗费的人力、物力较大，有的甚至会影响项目进度。云技术数据中心构建后，新应用上线所需的基础资源可以通过填写申请单，相关部门审批后在 1h 内就可以把应用环境准备好。从这个角度看，既节省了人力、物力、成本，又节省了时间。

通过对环境集中统一配置，应用统一创建部署等方式可对用户资源需求进行整体统计分析，得出资源整体需求的报表。通过对资源从细粒度上进行拆分，如需要多少 CPU、内存、存储空间、网卡等，可以对资源成本进行快速精确的管理，对资源规划决策等提供理论依据。

云技术主要以数据中心的形式提供底层资源的使用。云技术从一开始就支持广泛企业计算，普适性更强。因此，云技术更能满足智能电网信息平台数据中心建设需要。目前，各省或地区供电公司闲置着许多未充分利用的计算与存储资源，通过虚拟化技术对物理主机进行虚拟化，使它们具有良好的伸缩性和灵活性。可以直接利用闲置的×86架构的服务器搭建，不要求服务器类型相同。

基于云技术的IT资源整合应该从总部开始，首先通过一级数据中心进行试点建设。可选择北京容灾数据中心进行试点。一级数据中心基础设施数量较大，设备类型及网络相对较复杂。首先应该对数据中心的网络环境、设备类型、物理架构等做详细的调研。通过调研对数据中心设备进行分类统计，确定哪些部分要进行虚拟化，哪些部分不适合虚拟化。其次，对一级部署应用机群进行统一整合，可按业务分类进行整合。

各网省公司分别按数据中心、网省外围机群、个人计算机及终端设备进行整合。网省公司数据中心通过专有网络与总部进行交互，网省数据中心之间通过高速的专有网络进行跨云交互，建议通过光纤传输。各网省的外围系统应用都有各自的特殊性，不适合支设在数据中心，可单独进行整合。

八大应用系统都基于数据中心二级部署，地市公司通过个人计算机及其他终端接入。

有网络与网省数据中心进行交互。地市自身的应用环境相对较小，可通过小规模的资源整合建立相对简单的云环境。另外，也可以通过网省统一整合各地市公司外围设备，统一建立专有云环境，通过租赁方式向各地市公司提供基础资源服务、开发平台、网省公有应用服务等。

从业务应用及组织机构的划分上来看，可以按业务进行分类，建立不同的资源区。同一资源区按同一类型且相互兼容的物理环境进行配置，以保证不同业务之间互不影响，同类业务应用可在同一资源区内动态迁移。从应用的安全和服务级别上对业务应用进行分类，定制多种重要和安全级别。对可靠性要求不高，但数据流量较大的应用定制在本地物理机上。这类应用宕机恢复时间可能要长一些，但它在本地运行不会去抢占存储网络的带宽。对于重要级别较高的应用可以定制在共享网络存储上，所有在共享存储上应用的启动、迁移、备份等操作都共享存储网络带宽，这类应用对带宽的要求非常高，要满足这种带宽网络要求，网络建设的成本则相应提高很多。因此，建议存储网络都采用光纤介质传输。

（1）IT 资源运维。云技术模式能够实现企业内部集约化及网络化管理格局，它能提高运作效率、降低运营成本，尤其是在 IT 与运维人员成本方面能够产生显著的效果。以组织和企业内部的桌面系统为例，在私有模式之下，云技术可以把成千上万台计算机简化成显示器、键盘和鼠标，所有的计算能力、系统和文件都会放入后台云上。

传统的 TT 资源都按职能和所属领域的不同分布在不同的物理位置，这使得 IT 资源得不到统一的管理运维。传统的应用搭建过程是这样的，首先需要专业的实施人员对物理环境进行安装，然后为每一台物理服务器安装操作系统、数据库、应用中间件、运行环境软件及其他支撑应用的应用软件，然后再把应用部署文件拷贝到物理服务器上进行配置调试。就单台物理服务器来说，可能花费一个专业实施人员一天至两天时间，如果是搭建集群系统，时间将更长。应用搭建好后，还得配备专门的人员对应用系统进行过维升级等。在 las 构建的数据中心，云平台对应用进行统一管理，1000 个应用的搭建只需要几个专业人员 2 ~ 3 天就可以完成，而且系统可进行统一升级。在云技术环境下，通过系统自动安装、应用自动发布等手段，对所有应用进行批量创建，只需几个专业人员花费几个小时的时间就能完成。从这个角度看，节省了大量的人力、物力。

在使用传统桌面的整体成本中，管理维护成本在其整个生命周期中占很大的一部分。管理成本包括操作系统安装配置、升级、修复的成本，硬件安装配置、升级、维修的成本，数据恢复、备份的成本，各种应用程序安装配置、升级、维修的成本。在传统桌面应用中，这些工作基本上都需要在每个桌面上做一次，工作量非常大。

虽然桌面云具有各种优点，但是现在阻碍其发展的一个重要的因素是初期投资问题。虽然桌面云的总体成本比传统桌面要低，但是桌面云初期需要购买服务器、网络、存储等，所以初期投资相对传统桌面而言还是比较高的。

用户通过云管理平台向信息部门提出应用部署或升级的申请，由信息部门相关专责审核通过后，为用户选择所需计算容量的弹性池，审批通过后，用户成功收到信息专责反馈后将应用上传至应用软件中心，然后通过云管理平台发送应用部署相关命令完成应用部署。

云技术管理服务收到部署命令后，首先明确弹性池中中间件管理节点所在虚拟机位置、管理服务生成从矩阵中取得的执行 JOB，以及部署安装脚本模板，将携带部署参数发送给虚拟机 Agent,虚拟机的 Agent 接收到该脚本后将载入 JOB,并由 JOB 调用在虚拟机本地执行部署的安装脚本，下载指定的应用，执行安装操作。

（2）信息系统建设。传统的 IT 投资模式是软件、硬件、服务器、存储、网络等分别投资，在企业发展的不同阶段建立新的系统，导致许多 IT 资源重复投资、IT 成本不断增加。很多相关业务的应用不能有效互通，造成数据孤岛、资源浪费、不能及时高效地为用户提供信息，也无法做到全面的数据挖掘和业务分析为市场开发与运营管理提供科学的决策依据。而长期积累的庞大数据却响应迟滞的系统，致使企业很难快速实现战略部署以应对市场变化。

电力企业传统的信息系统建设流程采用规划、设计、试点、实施的模式进行。这种模式的信息系统建设周期长，人力及硬件投入都相对较大，需要各个部门相互配合完成，流程中的任何一个环节出了问题都会影响项目的进度。另外，任何一个细节的疏忽都可能引起生产事故。因此，智能电网的信息化建设需要脱离传统的模式，建立一套快速、安全、有效的信息系统建设流程。仅通过云技术资源整合并不能完全满足信息化建设的需求。因此，云技术的构建还需要提供平台级的服务，为企业应用提供开发、测试、部署一体化管理。

传统的应用系统建设都是由各电力企业统一规划的，如某个领导有一个关于信息系统建设很好的想法，但却不能立即通过简单的开发实施进行验证。而建立云平台后，只需要通过登录云技术管理平台简单地填写申请，经审批通过后，应用服务器、开发环境、测试环境、数据库、中间件服务等全部都可以在 1h 内快速到位。按传统的流程需要先对系统建设相关材料进行上报、审核、软件硬件采购或协调等，一般来说时间需要一个月左右。

目前，电力企业信息系统都进行了统一规划，企业内各应用系统之间往往需要进行数据交互。在传统的建设模式下，应用系统建设如果需要与其他应用进行数据交互，都需要协调相关部门及人员的配合对相关接口进行需求调研，然后再设计、开发、测试。这些系统之间数据的交互存在任何一点错误都可能引发一连串应用系统故障。而目前对这种系统交互接口的定义设计都没有统一的标准，使得各个应用系统之间的衔接变得混乱，而且产生重复的工作量，浪费大量的人力、物力。应用之间统一在云平台发布外部接口，同一数据中心下应用接口统一在云平台中注册，建立统一的标准及安全机制，并在数据中心内共享，应用只需要通过云平台的用户认证就可以直接使用另一个应用的接口，使得应用之间可以更安全、轻松的交互。

通过云技术对 IT 资源进行整合后，信息系统建设与传统方式相比发生了重大转变。信息系统所需资源全部从云端获取，信息系统的开发、测试、部署都通过云技术管理平台进行。电力公司企业内部建设专有的云资源管理中心，云资源管理中心负责企业为云平台的建设与资源管理维护工作。企业所有信息系统的建设都需要上报给云资源管理中心，由云资源管理中心审核后统一分配信息系统建设相关资源。这正是云技术的 PasS 服务模式。

1）中间件管理。中间件管理服务是将中间件平台资源进行整合，从而为用户提供中间件服务。中间件管理服务涉及整个应用申请、发布、迁移、备份、监控等生命周期。

2）中间件服务流程。用户通过云管理平台向信息部门提出应用部署申请，由信息部门相关专责审核通过后，为用户选择所需计算容量的弹性池，审批通过后，用户成功收到信息专责反馈后将应用上传至应用软件中心，然后通过云管理平台发送应用部署相关命令完成应用部署。

3）数据库平台即服务。云技术将多个数据库服务器（虚拟机）组成一个弹性扩充资源池，同一资源池里中间件服务器形成集群，如同一个虚拟的数据库服务器节点。云技术将实时监控资源池的所有数据库服务的 CPU 和网络情况，如果 CPU 和网络负载过高，超过一定额度时，云技术将按照策略投入更多的虚拟机加入计算中（这些虚拟机分布在各个物理资源上），这样使负载趋于正常。同样，如果 CPU 和网络负载过低时，弹性扩充调度服务会自动地按照策略停止资源池中的虚拟机的投入，降低系统的资源消耗。

云技术数据库平台管理服务类似中间件管理服务的管理过程，在用户审批通过后，将在虚拟数据库平台上创建实例且授权该用户，并赋予该用户虚拟数据库 ip，以及相应的数据库用户名密码等信息，用户可采用传统的方式访问该数据库。

（3）信息化办公。国家电网公司有相当多的员工日常办公都会使用个人计算机。对用户来说，他们希望用更简单、更快捷、更轻松的方式来工作。目前国家电网公司数万计的员工会使用计算机来辅助日常工作。如果为每位员工配备一台计算机，这将会是很大一笔开支。每台计算机需要安装操作系统，需要安装各种应用软件，这些软件也需要不断的维护与升级。而且，这些计算机的管理者和使用者的专业知识水平都各不一样，对如此多的计算机管理维护既麻烦又很耗人力、物力。假如一个网省公司有 1 万台计算机需要管理，那么每台计算机都需要做这样的工作（安装操作系统、安装驱动、安装应用程序、系统及应用软件的升级等，面临病毒侵袭、数据丢失等风险），就算一个专业的人员来做这些事，一台计算机一年可能也得花费一周甚至更多的时间，1 万台计算机将耗费 70000 人天的人工成本。其实，这么多烦琐的事完全可以放在云端去做，由云技术后端服务系统定制各种用户的各不相同的应用程序、操作系统、开发测试平台等，统一对服务进行升级。这种用户使用模式的改变需要桌面云来完成。

国家电网公司总部和网省公司应用在数据中心部署后，用户该通过哪种方式来对应用进行访问管理。国家电网公司有几十个网省，每个网省都有很多应用系统，如生产、营销、ERP、调度、OA 等。当数据中心以云平台构建后，用户仍然可以通过自己的计算机进行访问。但这样的方式不足以体现云平台的优势，从用户角度看，云构建与非云构建的数据中心应用在直观体验上并没有什么区别。

将客户端的所有桌面集中管理，即通常意义上的桌面虚拟化。桌面与应用的区别在于每个用户都拥有独特的桌面配置，更为个性化和人性化，其使用体验与在本地操作完全相同。在此阶段的 IT 系统架构中，操作系统、应用、用户数据都集中到后台统一管理，通过远程通信将用户桌面传输到用户终端设备上。只需要一个客户端设备，或者其他任何可以连接网络的设备，通过专用程序或者浏览器，就可以访问驻留在服务器端的个人桌面以及各种应用，并且用户体验和我们使用的传统个人计算机是一样的。

有一些特定的应用场景，如 95598 系统的操作员，一般都是使用同一种标准桌面和标准应用，基本上不需要修改。在这种场景下，云桌面架构提供了共享服务的方式来提供桌面和应用。这样可以在特定的服务器上提供更多的服务。

桌面云方案满足了企业对桌面管理的要求，它可以保证企业在安全和遵循法律法规的要求下，降低了总体拥有成本，而且绿色环保。不同的用户群对桌面使用的要求是不同的，这些不同既有计算资源要求的不同，也有所使用的应用要求的不同，还有对外设的要求的不同。这些不同点的存在要求桌面云部署要考虑到用户群的特点，以不同的部署方案来满足不同用户的要求。

无论后端对应的是公有云还是私有云，桌面云始终是用户使用云的终端界面和接口。通过云的方式把应用集中到后台，实现应用虚拟化。首先应了解哪些应用需要监管和集中管理，或分享给私有云中的用户。原先客户端需要安装所有应用，给网管员带来了大量的维护工作，而且存在相当多的安全隐患。一旦用户换了计算机，就需要重新安装所有应用，更无法考虑采用手机等其他设备去访问。桌面云部署的第一阶段是将应用集中部署到后台，使其成为私有云上托管的应用。所有私有云内的用户只要登录即可访问所需要的应用。

通过桌面云的部署，至少可以省去一半以上的办公用计算机，计算机的维护成本也不到原来的十分之一，能耗成本也将大大降低，用户使用将更快、更安全、更方便。

桌面云改变了过去分散、独立的桌面系统环境，通过集中部署，IT 人员在数据中心就可以完成所有的管理维护工作。同时通过自动化管理流程，80%的维护工作将自动完成，包括软件下发、升级补丁、安全更新等，不但减少了大量的维护工作量，还提供了迅捷的故障处理能力，全面提升 IT 人员对于企业桌面的维护支持服务水平。

在一些特殊工作中，需要员工同时使用多个桌面系统来完成。这样的情况下，摆放多个 PC 会占据更多工作空间，同时也增加了企业投资。桌面云提供的托管桌面系统可以让用户在一个浏览器界面中，同时访问不同的后台桌面系统，并可以在不同系统间灵活切换。这样的特殊设计，既满足了员工处理多个不同业务的需要，也有效地提升了员工工作效率，减少了空间占用，节约了投资。

利用桌面云平台，在业务拓展时，企业可以迅速地为分支机构提供办公条件，不再需要花费很长的周期去准备 IT 基础设施，有力地支持了企业的业务拓展。所有的桌面数据都是集中存储在企业数据中心，因此，企业就能够轻松地实现不同应用的数据复制，让桌面系统融入电力容灾体系中，构成一个完整的容灾体系。当灾难发生时，可以迅速恢复所有托管桌面，保证完全恢复业务的处理能力。

利用桌面云，可以通过 PC、工作站、笔记本、上网本、智能手机、PDA 等任何与网络相连的设备来访问跨平台的应用程序，以及整个用户桌面。除了以上优势，桌面云的建设可以让企业全面实现移动办公。如机房管理员在上班路上、周末等离岗状态下仍然可以通过手机看到机房服务器的运行情况，通过服务器监控预测提前通知相关人员远程处理或及时到场处理问题，避免重大事故的发生。企业人员出差在外仍然可以审批企业工作相关流程。

4.3.2 云技术在电力生产控制运行中的应用场景

（1）云技术在风电场监控自动化系统中的应用分析。

1）风电场系统介绍。随着全球气候问题以及能源危机的出现，人类对可再生能源的依赖性愈显突出。风电作为一种可再生清洁能源的代表，有着广泛的发展前景，但同时也给电网带来了负面影响。早期风电场的装机规模比较小，风电场直接与配电网相连，风电主要对地区电网的电能质量有影响，如谐波污染、电压波动及电压闪变等。随着风电场规模的逐步扩大，大量风电场直接并入输电网，风电同常规机组一样承担着电网的有功、无功调节，风电对系统的影响也越来越明显，如风电并入系统后的稳定问题、无功调节问题等。以上问题的有效解决涉及多个层面，需要研究并采用多种技术手段，如风功率预测、风电场单元设备控制技术、风机与变电站自动监控技术等。

风电场综合监控系统是风电场管理中不可缺少的重要组成部分。该系统能满足对风电机组运行情况的监视，如瞬时功率、发电量、电机的转速和风速、风向等，能对风电机组实现远程集中控制，能实现对风电场和变电站运行状况的历史记录查看，为电能质量评估、风力发电模型、风能预测、电网调度提供了数据和技术支撑。目前，国内外在风电场监控技术方面没有现行可依据的规范标准，不同厂商的监控系统互不兼容的现象普遍存在，但在综合参考各家监控特点的基础上，已提出通用的风电场综合监控系统的体系架构，并在国内多个风电场成功投入运营。

间隔层通信控制单元负责接收各风机和厂站以及用户的实时数据，进行相应的规约转化和预处理，通过网络传输给后台系统，同时对各厂站发送相应的控制命令。站控层提供了数据采集与监控（SCADA）、五防操作、保护管理、生产管理、风力预报等功能。数据采集与监控系统（SCADA）服务器负责整个系统的协调与管理，保持实时数据库的最新、最完整的备份，负责组织各种历史数据并将其保存在历史数据库。服务器操作员工作站完成对风电场和变电站的实时监控和操作功能，显示各种图形和数据，并进行人机交互。五防工作站主要提供操作员对风电场和变电站内的五防操作进行管理。保护工程师工作站主要提供保护工程师对变电站内的保护装置及其故障信息进行管理维护的工具。管理工作站根据用户制定的生产管理、运行管理、设备管理的要求，设备管理功能对系统中的电力设备进行监管，如根据断路器的跳闸次数提出检修要求、根据主变压器的运行情况制订检修计划，并自动将这些要求通知用户。风力预报工作站根据气象部门提供的天气资料以及存放在SCADA服务器的风力历史数据和当前数据，利用专家系统、神经网络等智能技术预测未来某一段时间的风力以及风电场可用容量，并将预报数据以图形化的方式显示出来，同时通过通信控制单元发送到远程能量管理系统（EMS），为电力系统运行调度提供决策参考。

2）风电场监控自动化系统应用分析。近年来风力发电的建设得到快速的发展，目前国内风电场的建设已从单一、小规模的风电场，向大规模风电场群的建设转变，从而需要建设相应的大规模风电场群的测控自动化等系统。随着智能电网的大力推进，未来风电场和风电场群的规模势必迅速扩大，风力发电在海量数据存储和大并发、复杂计算的处理方面的要求也更高。

首先，由于风电场所处地理位置、风机类型以及接入电网的方式和规模各有不同，风电场所积累的运行数据对构建和完善风电场发电模型具有重要作用。风电场中分布的众多风机，需要采集大量的电力数据，如电流、电压、频率、转速、温度等，还需要采集大量的环境信息，如风向、风速以及视频监视信息等。以上数据需要的存储空间随着时间和风电场规模呈几何曲线性增长。采用以上技术架构，数据量的增长势必要投入更多的硬件设备，同时增加了运行维护成本和人力成本。如系统扩容时需准备各种应急预案，乃至请厂家现场保驾护航，如果升级不顺会浪费更多人力、财力。

其次，风电场的运行控制建立在发电模型和风能预测的基础上，包括单台风机控制和风电场整体控制，需要通过对海量的数据进行计算后实现发电模型构建、风能预测及所有风机的转向、速度等操控。风电场群监控系统则在更高层面控制多个风电场协同发电。可以将控制计算分为风电场群控制计算、分布式风电场控制计算、分布式区机控制计算 3 层。采用以上技术架构，面对不断增长的数据计算、分析需求，只有不断增加硬件、软件，无法在统一的环境下自由弹性的扩展。

最后，随着风电场的发展，其管理模式也有可能发生较大改变，如多个风电场组成风电场群，监控自动化系统的部署位置和模式也有可能随之改变。以上技术架构会对风电场的各监控自动化系统的软硬件资源整合带来困难。

综上所述，采用以往的技术手段，很难便捷地实现风电数据存储的弹性扩展和高可用性，也很难实现风机控制计算的高效和高可靠性。云技术则为存储密集型和计算密集型的风电场群监控系统提供了可行的技术方案。

3）基于云技术的风电场监控系统。在智能电网云体系架构下，风电场监控系统架构如下。

a. 基础设施层将风电场的各类硬件纳入管理范畴，PC 服务器、×86 服务器、存储、网络、监测装置、移动终端等，通过虚拟化技术形成各类硬件资源池。一方面提供了服务器和存储设备的弹性扩展能力，能便捷地提升计算能力和存储空间，从硬件方面确保满足风电场规模扩大相应的硬件性能升级需求，同时不必更替旧的硬件设备，保护原有的硬件投资，节约建设成本；另一方面提供了便捷的硬件按需接入方式，移动终端、监测装置通过网络接入后能快速投入运行。

b. 资源管理层实现基于硬件资源池的操作系统环境构建、数据统一存储、计算及提供对外的统一访问服务。其中分布式文件为风电场群提供各类数据库的构建基础以及视频监测、业务文档等非结构化数据的存储，分布式数据库、实时数据库、普通数据，为风电场群提供实时、历史运行数据的存储，分布式计算、并行计算与风电场群的分布式、并行式的控制方式与数据处理模式适配度较高，为风能预测、分布式控制等提供高效快捷的平台服务。为此，生产运行控制过程中由于各种原因造成的监测数据创夫、模型建立失败等问题，都可以迅速通过模型相近换算、数据替代等处理机制，以分市、并行的方式得以解决，提高了风电场群控制的可靠性。

c. 应用管理层实现统一访问服务上的各类业务软件的应用，如实时监测功能历史数据查询、风力预测等。由于云技术的按需自助服务和弹性扩展特性，各业务应用软件可以随时根据用户需要进行提供，并根据软件运行要求提供相应的技术支撑。

d. 运维管理层和安全层参照体系架构实现相应功能，为风电场监控提供硬件资源池、服务和应用软件的运行维护，以及安全访问、接入等安全防护措施。

风电场监控系统是智能电网中的一部分，因此，风电场监控系统架构是融合于智能电网体系架构的，是智能电网大云中的小云。调度可以通过资源管理层提供的统一访问服务所有所需的各种数据获取、搜索、计算等功能，通过安全访问机制使用风电场监控的各类应用。

该部署架构通过网络将风电场内的风机、监控设备、保护装置、第三方智能设备、服务器、存储设备连接，通过虚拟化技术形成统一的资源池，可进一步将多个风电场内的资源池连接为更大的资源池。此部署架构下，风电场的各监视设备、保护装置等设备通过网络将采集的运行信息、视频信息传给相应的服务器和存储设备进行计算和存储各类用户，如风电场的监控操作人员、保护专责、风电场群的监控操作人员、调度主岛调度员等，都可以通过风电场监控系统提供的虚拟桌面终端直接访问相关数据和业务信息。

基于风电场监控系统的云技术思路和云技术业务及技术应用发展趋势分析，制订从现有的应用系统、平台、基础设施到云技术的演进方式和实现步骤，根据需求迫切程度以及实施条件，规划应用系统、平台、基础设施到云技术的迁移和建设项目并进行优先排序，形成监控系统的云技术实施总体路线图。主要工作包括：① 云技术层级分析，内容包括各基础设施、平台、服务、访问等各个层次的复杂度、优先级以及相关性，在此基础上确定云技术部署的关键问题；② 根据云技术研究的关键问题，结合智能电网环境下风电场的监控自动化需求，提出解决方案和制订研究计划；③ 依据各层级技术演进的研究计划，结合项目总体架构，分解各个层级配套的安全、运维管控措施；④ 引进云技术标准体系，提出面向业务的服务标准完善建议。

云技术除了在风力发电的监控系统中发挥其技术优势外，在太阳能发电、常规能源发电等发电环节一样可以为存储密集型和计算密集型应用系统提供相应的解决方案：① 实现全面的“业务服务”导向型云搜索平台；② 适应存储空间随时间和风电场规模几何曲线性增长；③ 支撑风电场可扩展的弹性控制计算；④ 以服务的方式提供基于标准架构的中间件和数据库资源；⑤ 提供标准的编程模型和弹性应用运行环境；⑥ 提供业务服务的集成管理平台；⑦ 整合风电场的现有资源，进行资源池优化；⑧ 建设云技术资源管理平台对各类资源池进行统一的管理调度；⑨ 以服务的方式提供基础设施资源。

（2）云技术在输变电移动作业中的应用分析。传统电网生产现场作业主要采用纸质作业卡现场手动填写方式，该方式存在诸多弊端：① 现场工作量大。巡视人员或检修人员现场作业需要手工填写各类工作记录。现场作业完毕以后，工作人员还需要手动将现场记录逐一录入到业务系统。② 数据准确性低。通常，纯手工作业存在人为误差，该方式在现场记录填写与数据录入环节容易导致人为误差的产生，从而影响后期设备评估结果的准确性。为了解决传统现场作业方式带来的诸多问题，基于移动终端的现场作业方式逐渐成为主流。目前，该方式借助无线互联技术实现移动终端对业务系统的访问，将业务系统的前端扩展到生产管理业务的作业现场，实现作业现场与后台应用之间交互及时畅通、流程无缝集成，从而提高业务管理效率，实现电力现场工作全过程的规范化、标准化和精细化管理目标。

但是，目前电网生产移动作业采用离线作业方式，即现场作业人员将相关任务、巡视检修作业卡（或书）、设备台账数据等电网数据下载到移动终端，然后带至现场进行现场作业。从安全角度来看，这种方式存在比较大的安全风险：一方面，一旦电网生产移动作业终端设备丢失，落入不法分子手中，将对整个电网造成无法挽回的损失；另一方面，如果电网生产移动作业终端设备损坏，将带来重复工作的结果。从用户体验角度来看，这种方式采用离线工作模式，用户现场作业过程中，脱离了后台服务器的支持，这就使得用户不能及时更新移动终端上的工作内容，在工作自由度上，受到一定的限制。

桌面虚拟化技术可以将移动终端设备的桌面进行虚拟化，电网生产移动作业人员可以在任何设备、任何地点、任何时间访问网络上的属于个人的桌面系统，将现场作业数据集中存储在后台数据中心中。因而，电网生产移动作业人员无需担心移动作业终端安全问题，同时，电网生产移动作业人员也可以随时随地通过有线或者无线连接后台服务，实现数据存储、读取、计算等操作。

1）基于云技术的输变电移动作业系统。借鉴典型桌面虚拟化产品（包括 IBN 智能商务桌面、VMware View、思杰 Xenbesktop 等）参考架构，结合 IT 技术特征与输变电移动作业的业务应用特征，将桌面虚拟化功能进行分层设计，实现设备（计算机软硬件）、管理（虚拟资源管理）与应用（统一桌面应用）解耦合处理，从而提高桌面虚拟化整体系统架构的灵活性，以满足输变电移动作业对虚拟桌面的特殊需求。整体上来讲，桌面虚拟化系统架构分为基础设施层、虚拟层、平台层、通信层和用户层。

a. 基础设施层：主要包括服务器、存储、网络等物理资源，是输变电移动作业、现场移动作业终端（PDA）远程访问虚拟桌面的基础。

b. 虚拟层：基于基础设施层，通过虚拟化技术（服务器虚拟化、存储虚拟化、网络虚拟化等），建立一个虚拟化中心，形成统一的虚拟资源池。另外，结合云安全技术虚拟层要考虑虚拟化安全问题。

c. 平台层：基于统一虚拟资源池，建立虚拟桌面镜像管理平台，实现资源管理（物理资源管理和虚拟桌面镜像管理），实现虚拟桌面镜像动态调度与监控管理，实现终端设备安全接入与远程控制管理，实现用户安全及桌面策略管理等功能。

d. 通信层：借鉴主流虚拟桌面通信协议（如 PCOIP、ICA、SPICE、RDP 等），从传输带宽、图像显示、双向音额、视频播放、显示能力、用户外设以及传输安全等方面进行考虑，综合输变电移动作业实际需求，形成符合国家电网公司安全传输要求的虚拟桌面远程通信协议。

e. 用户层：提供云终端安全接入功能，满足输变电移动作业现场客户终端（包括笔记本、PDA、智能手机等）快速、安全的接入要求。

输变电移动作业虚拟桌面应用，从系统部署角度，可以分为以下几个部分：① 服务器资源，通常指×86 服务器（可以是“刀片”或 PC 服务器）；② 存储资源，主要用于用户虚拟桌面数据的存储、备份与恢复；③ 网络资源，包括 SAN 交换机、网络交换机等；④ 虚拟桌面管理服务器，主要包括虚拟桌面发布服务器、身份认证服务器、用户目录服务器等；⑤ 云终端，输变电移动作业终端目前主要包括笔记本、PDA 平板电脑等。输变电移动作业桌面虚拟化部署架构。

2）移动作业虚拟桌面技术分析。

a. 虚拟桌面通信协议。传统的 PC 桌面是硬件、OS、应用以紧耦合的方式组成在一起的，层级间有紧密的关联性，设备形成独立的控制节点，锁定了用户的使用。在云技术的架构中，虚拟桌面就是要把这种紧耦合的 PC 桌面模式打破，分离各层级间的关联性，把每一层都以云技术的模式发布到云端，从而实现层层解锁的模式。为实现这种应用模式，并且使终端用户获得完美的桌面体验效果，就需要结合电力应用特征，提出一种面向电力应用的高效通信协议，以此来解决桌面云环境中服务端与云终端（包括 PC、笔记本、平板电脑、智能手机、瘦客户机等）的连接会话问题。

PCOIP（PC-over-IP）是一种高性能显示协议，由 VMware 与 Teradici 共同开发，专为交付虚拟桌面而构建，无论最终用户具有什么任务或处于何位置，均可为其提供内容极其丰富的最佳桌面体验。与传统显示协议不同，PColP 是为了进行桌面交付全新构建的显示协议，而传统显示协议则是专为交付应用程序而构建的。PCOIP 采用自适应技术进行了高度优化，可确保无论最终用户在局域网或广域网上的位置如何，均可获得最佳的用户体验。公司的 SPICE 协议、思杰公司的 ICA 协议等。

SPICE（smart protocol for intere cellular echange）由 Qumranet 研发，后被 Red Hat 收购。Red Hat 通过标准的连接协议，专为 VD 用户提供增强的性能体验。SPICE 可提供非常高性能的图形显示，其视频显示高达 30 帧/s 以上。另外，通过双向语音技术可支持软件拨号和 IP 电话，双向视频技术可提供可视电话和视频会议支持，而且不需要特殊的硬件设备支持。

ICA（independent computing architecture）是一种不依赖特

定平台的、成熟度较高的虚拟化桌面显示协议，它由 Citrix 公司研发，并且 Citrix 为 Windows，Mac、Unix、Linux 以及一些智能手机平台都提供了各种版本的 ICA 协议。ICA 协议具有独特的压缩能力，以及提供启用胖客户端选项，可把部分进程从远程服务器分流到本地 PC。

b. 资源管理及权限管理。资源管理包括对后台数据资源、桌面系统虚拟化资源等进行管理、分配和回收，为输变电移动作业系统的桌面应用提供统一的资源调度接口和相应的资源支撑，并监控各应用中资源的使用情况，动态地协调资源分配。

需管理权限，因为虚拟资源的权限管理均在后台服务器端完成。用户不需要另外安装软件或设备驱动程序，也不需要拥有对这些硬件资源的管理权限，可以直接运行应用程序，在任何一台移动终端上进行他们具有访问权限的、可靠而灵活的数据和桌面资源访问。

具体的权限管理安全策略归纳如下：① 基于目录的资源认证：建立基于目录的认证，云资源的访问都需要通过目录进行身份认证以及授权。② 基于目录的身份认证：系统中的用户直接关联到目录，系统通过关联目录进行验证，根据目录自身访问控制权限（ACL）来管理系统用户权限。通过目录系统的高安全性，实现系统的高安全性管理。③ 全方面的审计机制：建立云资源的管理、调度等日志审计体制，做到在云技术下的任何动作都留下痕迹。④ 基于证书可信资源管理：任何物理资源加入云技术。

智能电网云平台的建设，将是一个长期而持久的工程，要合理完成建设并对智能电网形成稳定而坚强的支撑，在建设过程中需要逐步深入、逐步落实。

首先需要对各资源进行分析评估，从软件基础架构层出发，对各资源进行整合，实现各资源的统一管理、统一调配，提升资源整合率与利用率；建立对资源的智能分析，实现对资源的优化调度；建立基于云平台的智能电网应用环境。

智能电网云平台的建设，存在一个建设和完善过程，国网公司、国网下属单位、总集成商、分开发商等应该通力沟通协商，对建设中存在的问题及其修改进行统一控制，防止出现系统功能混乱现象。建设过程中可采用渐进模式，形成典型设计并规范建设标准、接入标准；先进行试点建设，再进行推广应用；从易到难，从简到繁，逐步深入，逐步落实。

对于智能电网云的建设实施，为提高效率，缩短建设周期，建议分系统典型设计与试点实施阶段和推广实施阶段两个阶段进行。

系统典型设计方案可在试点的实际环境中得到验证和修正。试点建成后，各网省公司可以明确对项目的建设需求，并在典型设计方案基础上进一步进行需求反馈，充实设计方案。在网省公司有明确具体需求的基础上，在保证最低调研次数的基础上进行充分有效的调研。

全面推广前，一方面有可操作性的典型设计方案从理论进行指导，另一方面有试点作为实施实例从实际进行参考，全面保证全国推广的高效性、可行性。

项目建设将按照“统一领导、统一规划、统一标准、统一组织建设”的原则，有效整合资源，突出重点，在完成研究云平台建设的同时，逐步将云平台覆盖至下级单位，在项目建设“保质有序”的同时，完成云平台建设要求。

4.3.3 电网调控运行中的云技术发展趋势

近年来云技术的发展和实用化，为电网调控运行提供了新的技术手段，原有的调控技术教材在该方面属于空白，不能满足调控运行适应新技术发展的要求。2018 年国家电网公司开始大力开展调控云平台建设工作，国网天津、福建等公司积极响应，2018 年底国分云基本建设完成。当前电网调控运行的各种应用正处于由传统的 C/S（服务器/客户端）应用模式向 B/S 模式的云服务应用转变过程中，如何发挥好云平台的资源整合功能、服务优化功能，并同时保障各种调控运行应用的可靠运行成为调控运行部门，包括调度自动化和调度控制运行值班等各个专业急需要解决的问题。

现调控云已经部署模型数据平台、运行数据平台、实时数据平台、大数据平台等基础平台，形成了公共服务、模型服务、数据服务、计算服务、展示服务、交互服务 6 个大类 149 个服务，同时基于开放的服务架构完成上线 9 大类 112 个微应用的上线运行。从调控运行使用者的角度，为电网调控运行人员、管理人员、技术支持与自动化运维人员提供技术指导。

原有的调控运行人员技术教材在该方面属于空白，不能满足调控运行适应新技术发展的要求。现调控云已经部署模型数据平台、运行数据平台、实时数据平台、大数据平台等基础平台，形成了公共服务、模型服务、数据服务、计算服务、展示服务、交互服务 6 个大类 149 个服务。发挥好云平台的资源整合功能、服务优化功能，并保障各种调控运行应用的可靠运行成为调控运行部门，包括调度控制运行值班等各个专业急需解决的问题。同时，该教材的开发、出版对其他省公司建设省地云具有一定的指导、借鉴作用。

近年来云技术的发展，为电网调控运行提供了新的技术手段，原有的调控技术教材在该方面属于空白，不能满足调控运行适应新技术发展的要求。电网调控运行的各种应用正处于由传统的 C/S（服务器/客户端）应用模式向 B/S 模式的云服务应用转变过程中，发挥好云平台的资源整合功能、服务优化功能，并保障各种调控运行应用的可靠运行成为调控运行部门，包括调度自动化和调度控制运行值班等各个专业急需解决的问题。预计将提升调控运行专业人员对云技术及其在调控运行中应用的认识，增强驾驭新技术条件下大电网安全稳定运行的能力。

跟踪云技术发展，阐述调控云各调控功能应用及原理，描述电网运行与调控技术将面临的深刻变革。编写内容包括调控云的技术原理、电网调控云的实施技术路线、电网调控云应用的现状和典型应用，电网调控云的发展展望等内容。通过本培训项目的开发，预计将提升调控运行专业人员对云技术及其在调控运行中应用的认识，增强驾驭新技术条件下大电网安全稳定运行的能力。

感知、传输、处理在智能电网中无处不在。智能电网通过在物理电网中引入先进的传感技术、通信技术、计算机技术、自动控制技术和其他信息技术，将发电厂、高压输电网、中低压配电网、用户等传统电网中层级清晰的个体，无缝地整合在一起。使用新一代的智能控制系统和决策支持系统，实现电力流、信息流的受控双向流动，使用户之间、用户与电网公司之间实时交换数据，这将大大提升电网运行可靠性和综合效率，可以极大地提升电网的信息感知、信息互联和智能控制能力。

面向智能电网发展趋势结构主要分为感知层、网络层和应用层。感知层主要通过各种电力系统状态传感器，如电压、电流、风偏、振动等传感器及其组建的无线传感网络等技术，采集发电、输电、变电、配电及用电侧的各类设备上的运行状态信息。网络层以电力光纤网为主，辅以电力线载波通信网、无线宽带网、短距离传输网，实现感知层各类电力系统信息的广域或局部范围内的信息传输。应用层主要采用智能计算、模式识别等技术，实现电网信息的综合分析和处理，实现智能化的决策、控制，并提供智能化服务，有效整合通信基础设施资源和电力系统基础设施资源，使信息通信基础设施资源服务于电力系统运行，提高电力系统的信息化水平，改善现有电力系统基础设施的利用效率。

智能电网建设将融合技术。《智能电网技术》一书展望了智能电网未来的应用，其中提到“技术的应用和智能城市的发展将给智能电网建设带来不可忽视的影响”，认为技术可以应用在电力设备状态检测、电力生产管理、电力资产全寿命周期管理、智能用电等方面。

智能电网都以确实的信息可靠收集与传输为基础，以海量信息的智能处理为手段，以终端设备实时控制响应为初期目标。在电网数据实时采集、监测、处理与控制等方面，能为智能电网提供技术支撑。

可见，电网智能化将是重要应用区域。电网智能化将成为拉动产业，甚至整个信息通信产业发展的强大驱动力，并将深刻影响和有力推动其他行业的应用，提高我国工业生产和公众生活等多个方面的信息化水平。

相关技术为智能电网的成功建设提供了有力支撑，物联网的实现将智能电网的相关设想变为可能。将收集到的各类数据进行整合，打破了传统物理世界和信息系统的技术限制，将数据变成可用信息，并利用强大的计算能力，对能源的使用以及电力用户用电的方案进行整体部署和设计优化，实现电网系统资源的最优配置，提高电能使用效率，发挥资源最大潜能。

监控信息建立输电线路的辅助决策和配电环节的智能决策，加强与用户间的双向互动，开拓新的增值服务等是建设智能电网的部分核心任务。而这些智能化任务的实现，必须依托透彻的信息感知、可靠的数据传输、健全的网络架构及海量信息的智能管理和多级数据的高效处理等技术。以其独特的优势能在多种场合满足智能化电网发、输、变、配、用电等重要环节上信息获取的实时性、准确性、全面性的需求。所以，云技术在电力系统中的发展趋势有以下几方面：

（1）发电环节。智能发电环节大致分为常规能源、新能源和储能技术三个重要组成部分。常规能源包括火电、水电、核电、燃气机组等。技术的应用可以提高常规机组状态监测的水平，结合电网运行的情况，实现快速调节和深度调峰，提高机组灵活运行和稳定控制水平。在常规机组内部布置传感监测点，有助于深入了解机组的运行情况，包括各种技术指标和参数，并和其他主要设备之间建立有机互动，能够有效地推进电源的信息化、自动化和互动化，促进机网协调发展。

结合技术，可以研究水库智能在线调度和风险分析的原理及方法，开发集实时监视、趋势预测、在线调度、风险分析于一体的水库智能调度系统。根据水库来水和蓄水情况及水电厂的运行状态，对水库未来的运行进行趋势预测，对水库异常情况下水库调度决策进行实时调整，并提供决策风险指标，规避水库运行可能存在的风险，提高水能利用率。

结合技术，可以研究不同类型风电机组的稳态特性和动态特性及其对电网电压稳定性、暂态稳定性的影响；建立风能实时监测和风电功率预测系统、风电机组/风电场并网测试体系；研究变流器、变桨控制、主控及风电场综合监控技术。

技术同样有助于开展钠硫电池、液流电池、锂离子电池的模块成组、智能充放电、系统集成等关键技术研究；逐步开展储能技术在智能电网安全稳定运行、削峰填谷、间歇性能源柔性接入、提高供电可靠性和电能质量、电动汽车能源供给、燃料电池以及家庭分散式储能中的应用研究和示范。

（2）输电环节。目前，国内在输电可靠性、设备检修模式以及设备状态自动诊断技术上和国际水平相比还存在一定的差距。在智能电网的输电环节中有许多应用需求亟待满足，需要结合相关技术，提高智能电网中输电环节各方面的技术水平。

电网技术改造工作将持续开展，改造范围包括线路、杆塔和电容器等重要一次设备，保护、安稳和通信等二次设备，以及营销和信息系统等。可以结合技术，提高一次设备的感知能力，并很好地结合二次设备，实现联合处理、数据传输、综合判断等功能，提高电网的技术水平和智能化程度。基于输电线路状态监测是输电环节的重要应用，主要包括雷电定位和预警、气象环境、覆冰、在线增容、导线温度与弧垂监测、风偏在线监测与预警、图像与视频监控、故障定位、绝缘子污秽、杆塔倾斜在线监测与预警等方面。

由于输电线路分布范围广、跨越距离大，为保证传感信息的有效传输，避免传感信息丢失，在传感网中采用多跳组网协议，以多跳中继通信的方式使网络具备更远的信息。

传输距离，实现连接传感网基站功能，确保传感器节点与电力专用网络或公共移动通信网络网关信息互通。传感网通过网关接入电力专用网络或无线公网，骨干节点能够对传感数据进行预处理，确保传感信息有效性，实现传感信息高效接入电力专用网络或移动通信系统的功能，为信息的进一步高效传输提供保障。光纤或无线通信系统实现了传感信息的远距离传输，提供了更加灵活、高速、便捷的信息传输服务，确保了信息传输的高效畅通，为输电线路现场与中心监测系统的互通互联提供了可靠优质的传输服务。

（3）变电环节。变电环节是智能电网中一个十分重要的环节，目前已经开展了许多相关的工作，包括全面规范开展设备状态检修、全面开展资产全寿命管理工作研究、全面开展变电站综合自动化建设。

存在的问题主要有：设备装备水平和健康水平仍不能满足建设坚强电网的要求；变电站自动化技术尚不成熟；智能化变电站技术、运行和管理系统尚不完善；设备检修方式较为落后；系统化的设备状态评价工作刚刚起步。

对于变电系统的电气设备，可通过对设备的环境状态信息、机械状态信息、运行状态信息进行实时监测和预警诊断，提前做好故障预判、设备检修等工作，从而提高安全运行以及管理水平。

在设备状态智能管理系统中，可获得的信息有在线的、离线预防性实验和历史数据等，通过对信息进行分析处理，提取与设备诊断相关的特征信息，从而得出对设备运行状态的可靠评定，为状态维修提供可靠决策。

智能化变电站的建设也需要全面推进。近年来，随着数字化技术的不断进步和 IEC 61850 标准在国内的推广应用，变电站综合自动化的程度越来越高。将技术应用于变电站的数字化建设，可以提高环境监控、设备资产管理、设备检测、安全防护等应用水平。

综上所述，智能电网中的变电环节有多种应用和技术改进的需求。结合技术，可以更好地实现各种高级应用，提高变电环节的智能化水平和可靠性程度。也将在变电环节中实现具有较大规模的产业化应用。

（4）配电环节。配电自动化系统，又称配电管理系统（DMS），通过对配电的集中监测、优化运行控制与管理，达到高可靠性、高质量供电、降低损耗和提供优质服务的目标。

在配电网设备状态监测、预警与检修方面的应用主要包括：对配电网关键设备的环境状态信息、机械状态信息、运行状态信息的感知与监测；配电网设备安全防护预警；对配电网设备故障的诊断评估和配电网设备定位检修等方面。

由于我国配电网的复杂性和薄弱性，配电网作业监管难度很大，常出现误操作和安全隐患。切实保障配电网现场作业安全高效是智能配电网建设一个亟须解决的问题。

技术在配电网现场作业监管方面的应用主要包括身份识别、电子标签与电子工作票、环境信息监测、远程监控等。

（5）用电环节。智能用电环节作为智能电网直接面向社会、面向用户，是重要环节，是社会各界感知和体验智能电网建设成果的重要载体。

目前，我国的部分电网企业已在智能用电方面开展相关技术研究，并建立了集中抄表、智能用电等智能电网用户侧试点工程，主要包括利用智能表计、交互终端等，并且提供了水电气三表抄收、家庭安全防范、家电控制、用电监测与管理等功能。

但是目前用电环节还存在许多不足，主要有：低压用户用电信息采集建设较为滞后，覆盖率和通信可靠性都不理想；用户与电网灵活互动应用有限；分布式电源并网研究与实践经验较匮乏；用户能效监测管理还未得到真正应用。随着我国经济社会的快速发展，发展低碳经济、促进节能减排政策持续深化，电网与用户的双向互动化、供电可靠率与用电效率要求逐步提高，电能在终端能源消费中的比重不断增大，用户用能模式发生巨大转变，大量分布式电源、微网、电动汽车充放电系统、大范围应用储能设备接入电网。这些不足将成为制约我国智能电网用电环节的瓶颈，因此，迫切需要研究与之相适应的关键支撑技术，以适应不断扩大的用电需求与不断转变的用电模式。

技术在智能用电环节拥有广泛应用空间，主要有：智能表计及高级量测、智能插座、智能用电交互与智能用电服务；电动汽车及其充电站的管理；绿色数据中心与智能机房；能效监测与管理、电力需求侧管理等。

（6）调度环节。虽然电力调度管理信息系统经过多年的发展取得了一定的成果，但距离智能电网的要求还存在一定的差距。由于电力系统生产具有地域分散的特性，在内部多采用供电区域、专业职能条块分割的管理办法，采用数据分散管理。调度通信中心具有多个管理系统，但彼此之间孤立，无法满足创建现代化调度中心的要求。可以运用技术实现数据之间的共享，解决大容量的数据存储问题。通过数据挖掘等技术向不同子系统提供相应的数据信息，运用云计算技术实现数据高效、及时、集中处理，为电网调度运行和职能管理提供及时、全面、准确、科学的信息服务，有助于全面掌控系统运行状况，提高综合管理水平和能力。

智能调度是技术的又一重要应用。具体而言，智能调度包括电网自动电压控制、电力市场交易运营系统、节能发电调度系统、电力系统应急处理、电网继电保护运行管理系统等子系统。技术使各子系统的连接成为可能，通过信息的共享和集成，建立综合的管理决策系统，基于网络化管理实现现有实时调度系统的全面升级。

（7）电力资产管理。电力企业是资产密集型、技术密集型企业。目前，电力企业对资产的管理以粗放式为主，这种粗放式管理存在很多问题，如资产价值管理与实物管理脱节、设备寿命短、更新换代快、技改投入大、维护成本高，每年电力企业投入大量人力、物力进行资产清查，以改善账、卡不符的问题。电力企业为改善资产管理已开展大量工作，如国家电网有限公司正在开展的资产全寿命管理等，但由于电网规模的扩大，尤其是智能电网的建设，发、输、变、配、用电设备数量及异动量迅速增多且运行情况更加复杂，加大了集约化、精益化资产全寿命管理实施的难度，亟需有效、可靠的技术手段。利用技术实现自动识别目标对象并获取数据，为实现电力资产全寿命周期管理、提高运转效率、提升管理水平提供技术支撑。

第5章 典 型 案 例

5.1 基于调控云的主配一体智能应用

建设调控云平台主配一体电网模型，利用拓扑溯源实现主网设备所供用户集与供电路径分析应用，支撑保电、风险预警业务，提升应急管理水平。推进调控云配网调控人工智能技术应用，利用决策树智能算法实现配网负荷转供策略与配网智能调度倒闸操作票应用。利用调控云语音引擎对配网调控业务与设备进行深度训练，实现语音识别与智能交互。

5.1.1 目标及工作概述

能源互联网建设体系下，调控云平台已具备强大电网模型与实时数据支撑能力。国网天津城南公司以天津电网调控云为支撑平台，在调控云主网模型基础上扩展建设了中压配电网图模与运行数据，实现了多种主配一体智能调控应用(见图 5-1)。引入人工智能分析，推动电网运行业务自动分析与人工替代，提升配网调控承载力，实现地区电网调控业务向智能化升级。

（1）强化调控云平台层支撑能力。建设“电网一张图”，实现 500kV—10kV 拓扑贯通，全面支撑省地一体调控业务应用；贯彻“数据一个源”，完成电网一、二次设备运行数据汇集上云，构建全网设备状态全息感知，配网图模层面实现“一发多收”；打造“业务一条线”，串联操作票、日志、检修计划“业务流”，培育云平台泛调控生态圈。

（2）建设地区电网调控运行业务智能化应用。依托调控云平台主配一体电网模型，开展配网调控人工智能多维应用。紧贴一线生产业务，在调控云平台实现配网智能调度倒闸操作票、配网智能调控日志。基于配电线路方式版图的图形化应用，实现“点图成票、辅助生成、逐步校验、所见所得”。应用人工智能辅助决策，实现配网故障大数据分析与历史缺陷追踪。推动“AI”调度在配网层级落地应用，提升电网运行效率与调控运行承载力。

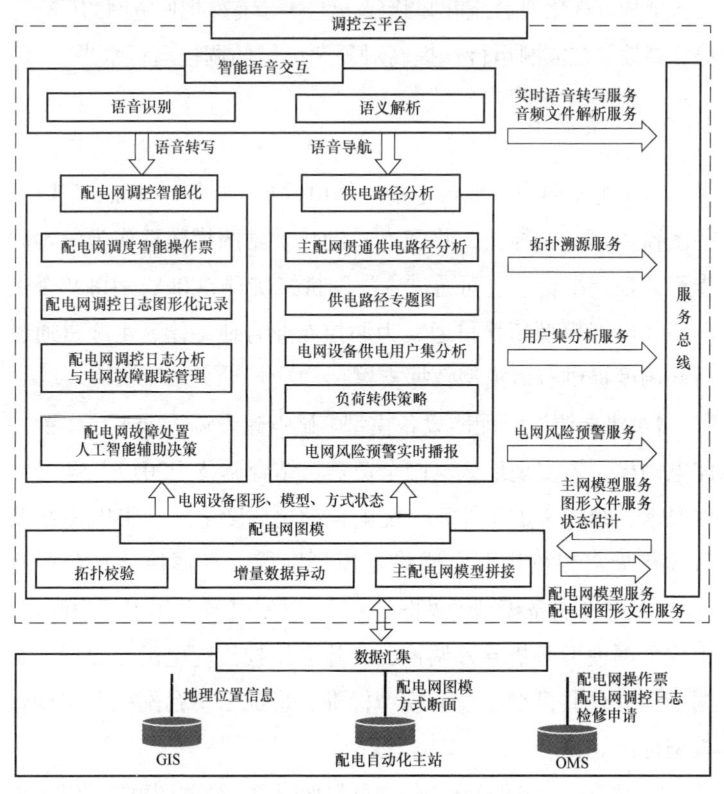

图 5－1　调控云主配一体智能应用系统架构

（3）建设全供电路径电网模型分析。应用 500kV—10kV 拓扑溯源，实现保电用户供电路径专题图自动生成、电网设备供电用户集分析、负荷转供策略、电网风险预警实时播报、低频减载（拉路序位）列表快速修编/动态校核等一批智能应用，推动调控专业市地一体、主配贯通作战机制，提升电网安全应急保障能力。

（4）实现配网调控业务智能交互。融合地理信息导航、语音识别技术，建设基于人工智能的友好人机交互模式，实现配网设备全景可视化展示，辅助调控人员进一步有效把握电网的运行态势、高效掌控电网运行，提高对复杂电网的调控运行水平。

5.1.2 主要做法

（1）建设调控云平台主配一体电网模型。推动 10kV 配网设备图模数据上调控云，将配电自动化主站图模数据作为源端同步至调控云平台。进而通过主配网拼接实现 500kV—10kV 全供电路径电网模型拓扑贯通，为调控专业省地一体、主配贯通、协同调度提供有力模型数据支撑。

1）建立调控云配网设备模型。试点建设调控云平台主配一体电网模型，实现地区电网全覆盖。结合调技〔2017〕54 号文件要求，统筹考虑调控云、配电自动化调度主站、OMS 系统及后续扩展需要确定配电网设备模型字段，在调控云平台构建 10kV 配电网设备模型（见图 5-2）。以配电自动化主站为源端，生成配网模型解析导入调控云，建立调控云配电网元数据、数据字典、公共模型、设备模型标准，形成云平台配电网结构化模型标准。

2）配网设备图模导入与增量数据同步。建立图模增量数据同步机制，有效支撑云平台配网智能应用。实现配电网历史数据的导入，建立增量同步机制。由配电自动化主站自动定时生成全量配网图模文件，传送至调控云；在调控云平台进行图模解析并自动完成增量数据更新，支撑调控云配电网应用实用化（见图 5-3）。

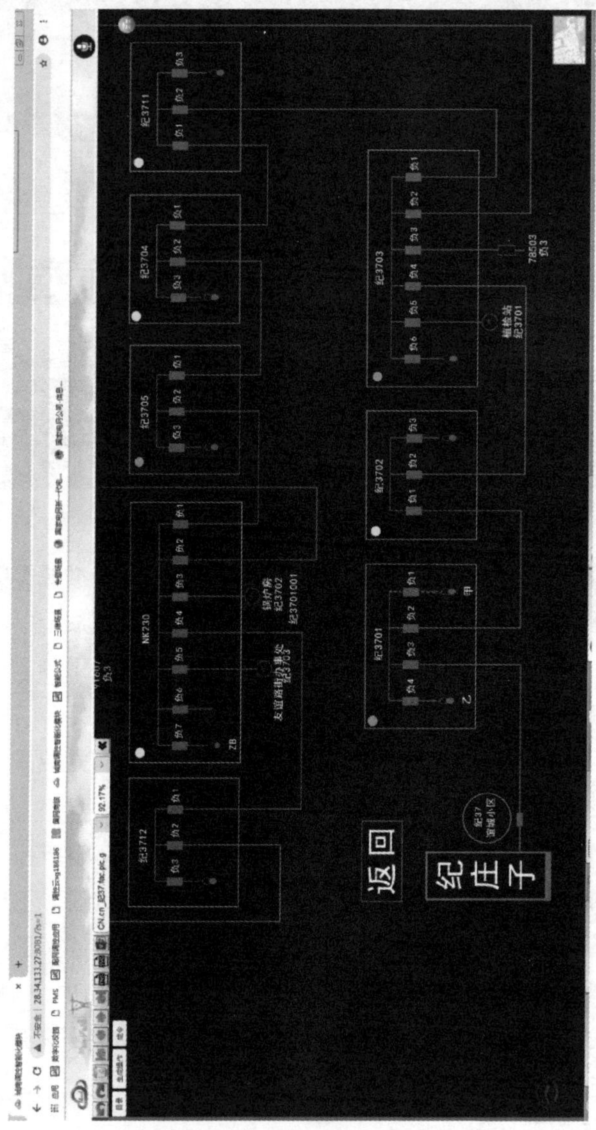

图 5－2 调控云 10KV 纪 37 线路图

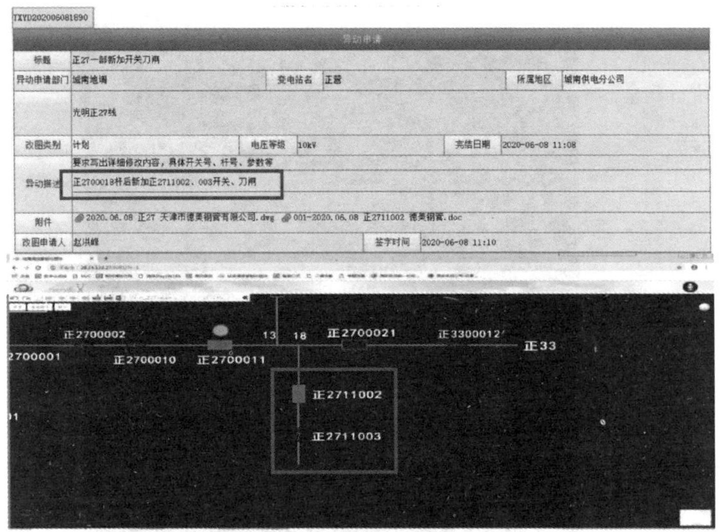

图 5－3　OMS 配电网图模异动单与调控云配电网增量设备

3）配电网图模数据服务。建立设备模型与拓扑溯源等图模数据服务，支撑调控云全平台配电网应用。同步完成配电网图形程序满足图形化展示需求；包括单线图的接线展示和电网设备地理位置信息的图形展示服务。支持设备查询及定位：查询完全匹配问题的结果；输入关键字查询相关结果；定位查询到的配网设备。

4）调控云主配网模型拼接。完成配电网 10kV 馈线与输变电主网设备模型拼接，实现 500kV—10kV 拓扑贯通。不改变主网结构化数据及模型，对于配电网模型，如设备模型、拓扑模型按照调控云的标准规范转换，以主网变电站内 10kV 出线的线路侧隔离开关为分界，配电网设备和线路侧隔离开关负荷侧连接节点之间建立拓扑关系，贯通主配网模型之间的关系（见图 5－4）。

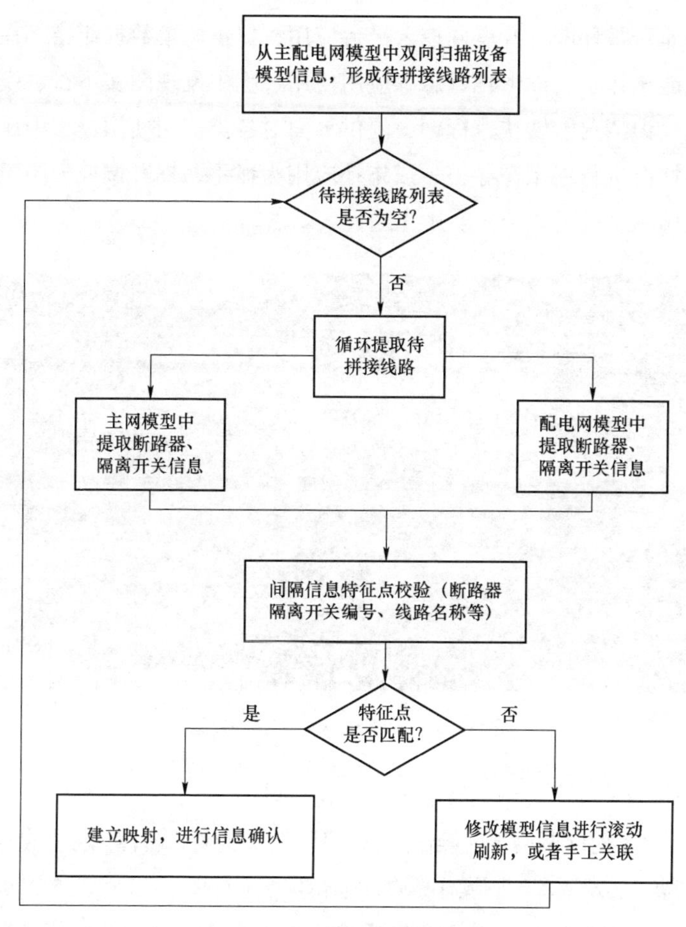

图 5－4　主配网模型拼接流程图

5）调控云电网拓扑校验与模型数据治理。基于电网拓扑，对电网模型数据的完整性、准确性进行自动校核。通过检索设备无法追踪到供电电源的情况，对电网模型中的孤岛及拓扑中断情况进行追踪（见图 5－5）。同时基于断路器、隔离开关的分合状态，对电网的运行方式进行分析，发现不正常的运行方式与非正常环网。开展调控云平台应用，提供图模数据纠错，在智能操作票、图形化日志等应用使用过程中发现图实不符、模型错误情况能够快速标记，提供界面对各类应用使用过程中反馈情况进行展示与导出。以拓扑应用为抓手，提升调控云图模准确率，推进调控云实用化进程。

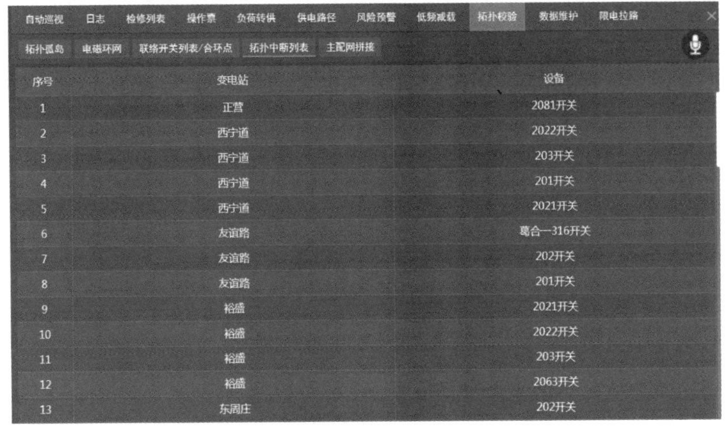

图 5-5　调控云电网模型拓扑校验

（2）调度控制运行业务智能化建设。

1）配网调度智能操作票。基于人工智能解析检修任务并自动成票，实现调度倒闸操作票自动编辑生成（见图 5-6 和表 5-1）。选定检修范围后自动读取解析检修工作内容，根据拓扑信息自动判断可能来电各侧并生成负荷转供与停复电命令，实现调度操作票编写由手动输入到自动生成转变。保障电网安全的同时提升一线班组工作效率。

开展配电网调度操作智能防误校验，提升配电网调度安全管控能力。通过图形化模拟操作的全过程，完成操作安全校核

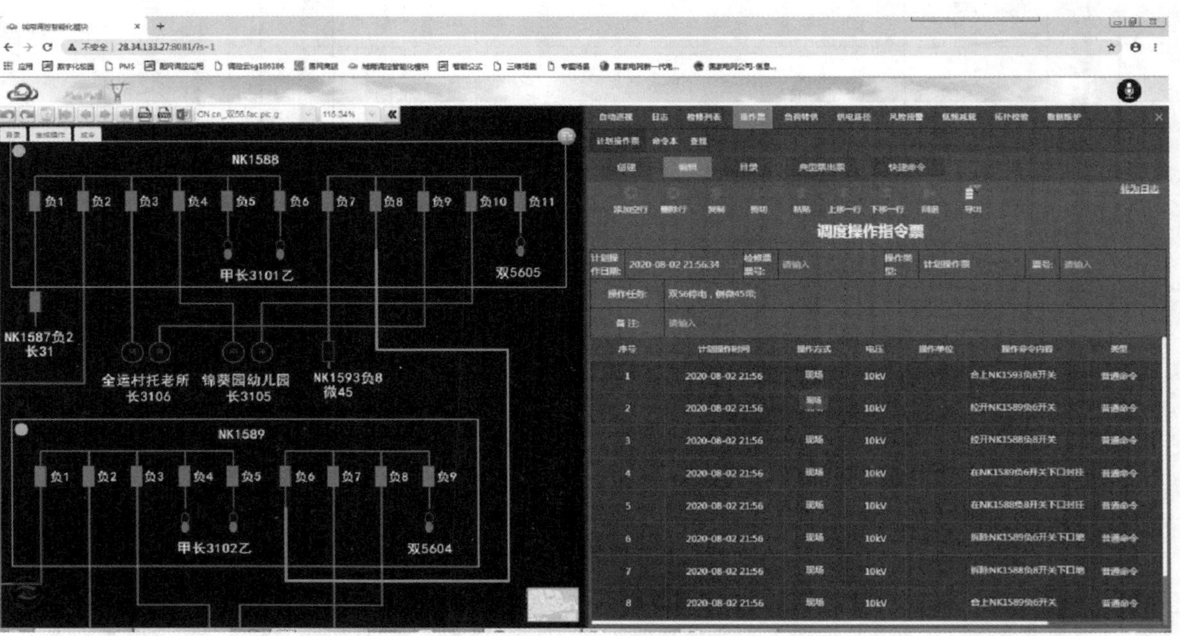

图 5－6 自动生成 NK1589－1588 电缆检修倒闸操作票

表 5－1　　　　配电网倒闸操作票导出

操作任务	双 56 停电，倒微 45 带；					
序号	计划操作时间	操作方式	电压	操作单位	操作命令内容	类型
1	2020－08－02 21:56:34	现场	10kV	NK1593	合上 NK1593 负 8 开关	普通命令
2	2020－08－02 21:56:34	现场	10kV	NK1589	拉开 NK1589 负 6 开关	普通命令
3	2020－08－02 21:56:34	现场	10kV	NK1588	拉开 NK1588 负 8 开关	普通命令
4	2020－08－02 21:56:34	现场	10kV	NK1589	在 NK1589 负 6 开关下口封挂地线一组	普通命令
5	2020－08－02 21:56:34	现场	10kV	NK1588	在 NK1588 负 8 开关下口封挂地线一组	普通命令
6	2020－08－02 21:56:34	现场	10kV	NK1589	拆除 NK1589 负 6 开关下口地线一组	普通命令
7	2020－08－02 21:56:34	现场	10kV	NK1588	拆除 NK1588 负 8 开关下口地线一组	普通命令
8	2020－08－02 21:56:34	现场	10kV	NK1589	合上 NK1589 负 6 开关	普通命令
9	2020－08－02 21:56:34	现场	10kV	NK1588	合上 NK1588 负 8 开关	普通命令
10	2020－08－02 21:56:34	现场	10kV	NK1593	拉开 NK1593 负 8 开关	普通命令

和智能防误，实现多因素、多维度融合人工智能的电网调度操作决策辅助分析，减轻运行人员工作压力，大幅提升配电网调度操作安全管控能力，为调度防误管理提供有效技术支撑。

2）配电网调控日志图形化记录。

基于云平台配电网图模实现配网调控日志图形化记录。在图形点击基础上生成结构化调控日志，包含拉合断路器/隔离开关、封拆地线、检查设备、缺陷定性等记录（见图 5-7），生成记录文本同步至 OMS 调控日志模块，支持图形化与文本输入相结合，能够自由插入文本。支持图形浏览界面放大/缩小，支持图形上点击操作和对应文本自定义，满足 OMS 日志、结构化要求。

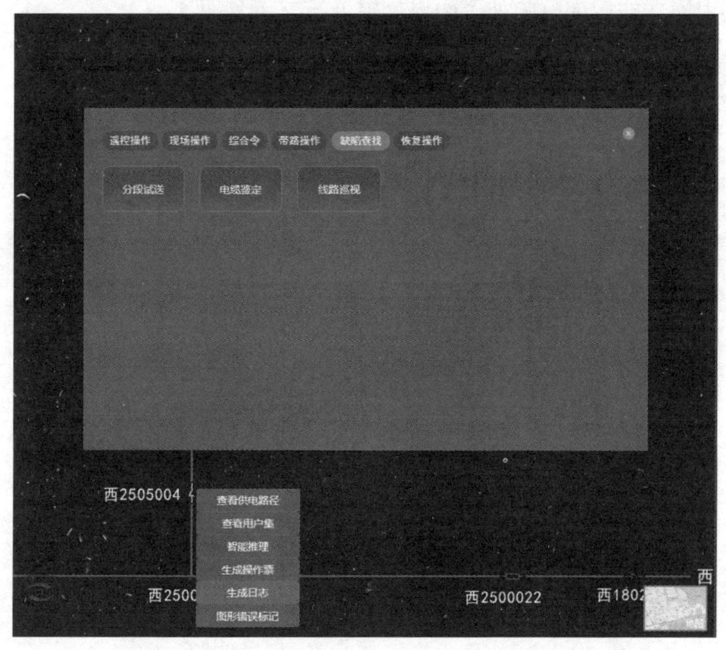

图 5-7　自定义配电网调控日志术语实现图形化记录

3）配电网调控日志分析与电网故障跟踪管理。利用机器学习分析电网历史运行日志，提升配网故障处置效率。通过自然语意解析对日志内容进行分析，转换成结构化日志，分析出关连设备、日志类型、事件类型、记录时间、记录人等内容。基于文本模糊识别摘取故障设备并进行大数据分析，建立电网故障知识图谱，形成配电网故障跟踪管理机制提升故障处置效率。

4）电网故障处置人工智能辅助决策。基于图形化调控日志记录，分析评价以往配电网故障处置步骤，故障处理越快则处理步骤越接近最优。利用人工智能进行学习模仿，不断完善知识库，在后期故障处置中提供辅助策略（见图 5-8）。

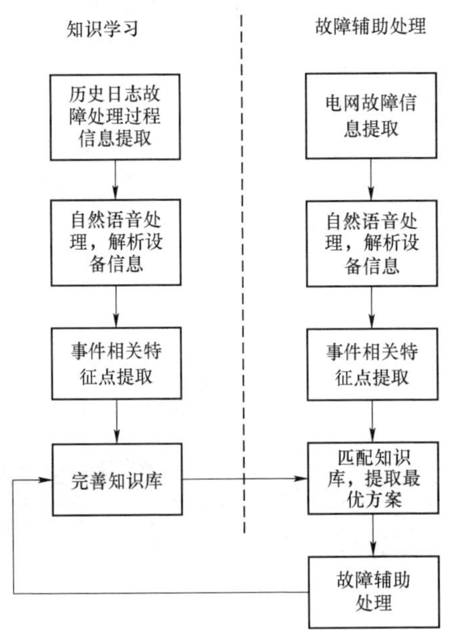

图 5-8　配电网故障辅助决策计算流程

5）OMS 数据对接。设计 OMS 系统接口，满足将本项目各模块产出数据如调度倒闸操作票、调控日志等同步至 OMS 系统对应模块，确保调控全业务在 OMS 系统内流转的原则；读取 OMS 各类表单数据、关联 OMS 设备台账信息，为各类配电网调控应用提供业务流支撑。

（3）全供电路径电网模型分析。基于拓扑溯源实现主配一体供电路径分析。提供供电路径专题图、供电设备与用户集合关系、主配一体负荷转供与网络重构策略。

1)电网一张图展示。基于调控云实现“主配电网一张图”。实现从配网负荷端至上级主网电源的拓扑溯源，获得基于实时电网运行方式的“源－网－荷”供电路径。支持地理信息导航中超大规模配电网展示（见图 5－9），适应复杂配电网络建模。

2）供电路径专题图自动生成。由设备自下而上进行拓扑溯源，对供电路径上全部设备节点抽取进行专题图展示，支持多电源设备多路电源同时抽取，支持进行平面调度方式版图与地理信息导航中可视化展示。

利用拓扑溯源对 10～220kV 供电路径上全部设备节点抽取形成专题图。可对双/三电源用户站多路供电路径同时抽取（见图 5－10），辅助调控人员快速掌握电网方式，改变以往供电路径图手绘模式。供电路径专题图同时支持多种文件格式导出，有效支撑保电方案、预案编制业务（见图 5－11）。

3）电网设备供电用户集分析。选中任一或多个电网设备根据电网拓扑计算下游所供电用户集合。涵盖中压配电网用户集与 35kV 用户集（见图 5－12 和图 5－13），提供电网故障信息高效收集手段。支持同时选中多个设备，提供用户集分析结果导出服务，改变以往人工查阅大量图纸和手动记录模式，实现故障影响快速收集。

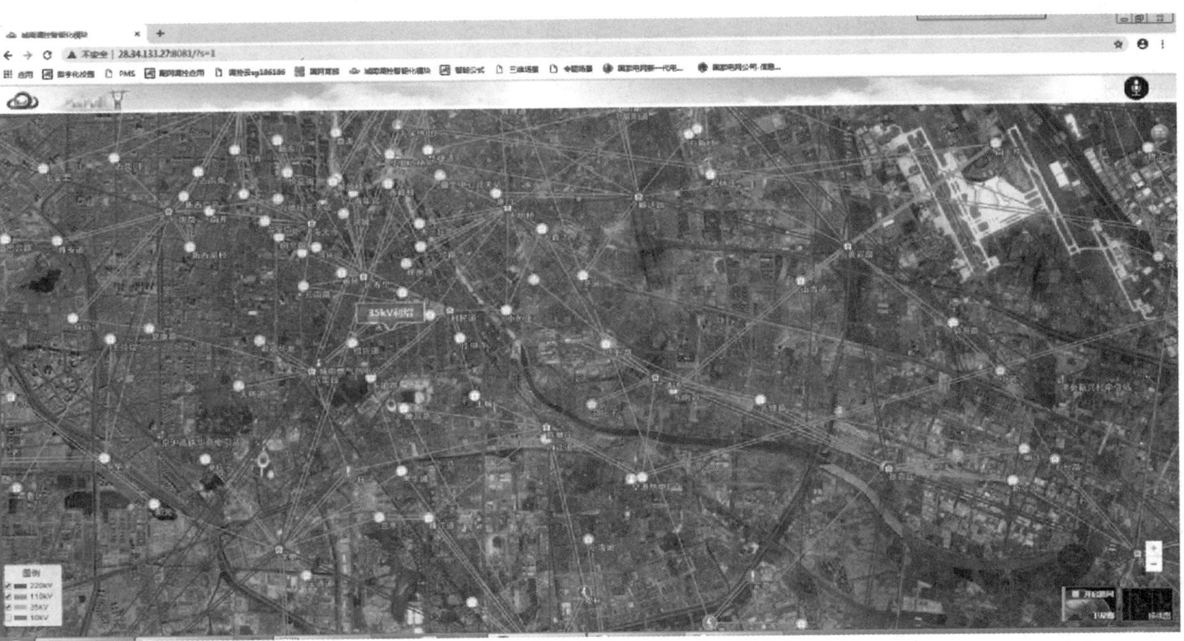

图 5－9　调控云地区电网地理信息导航

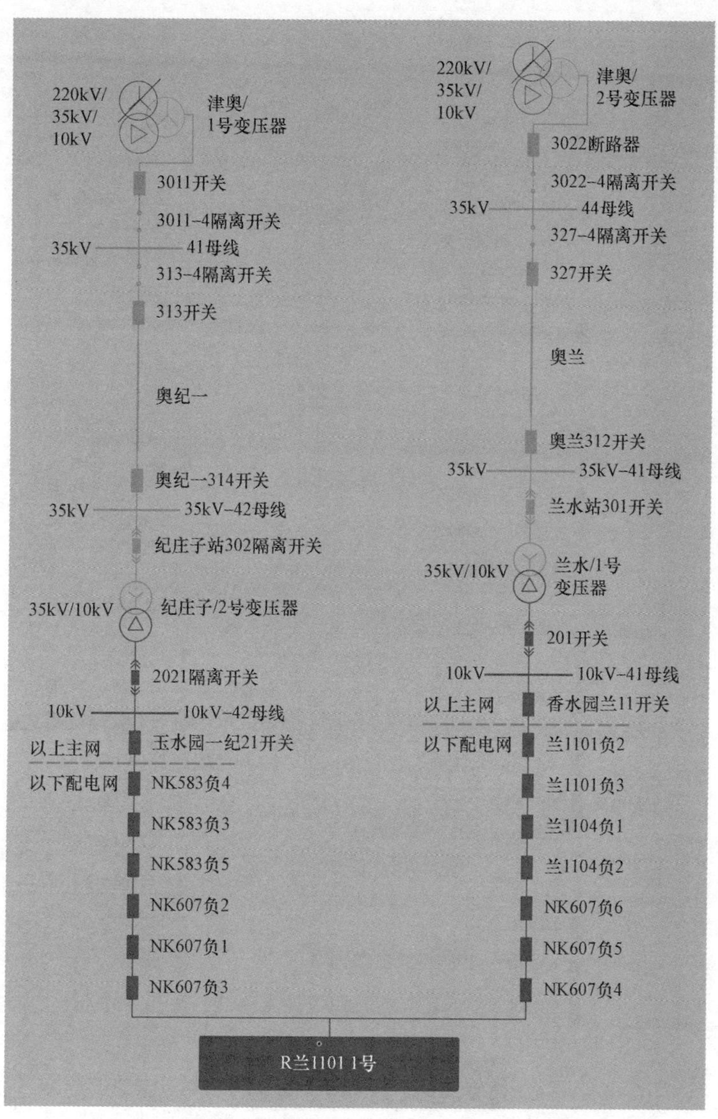

图5-10　10kV双电源用户R兰1101供电路径专题图

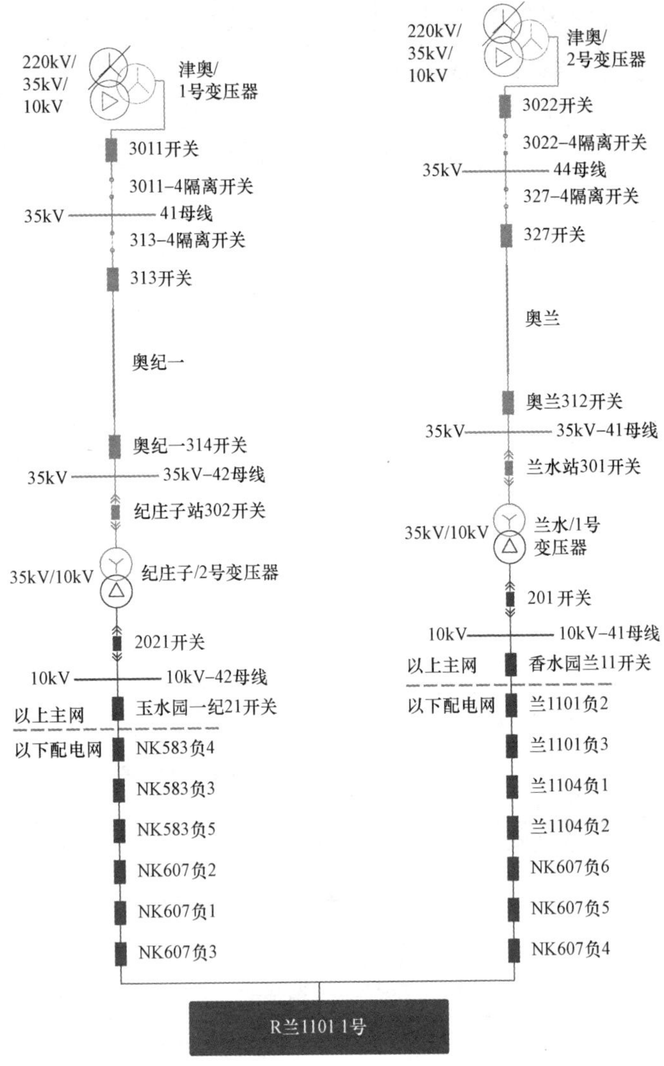

图 5－11　用户 R 兰 1101 导出供电路径文件

用户集 导出

类型	2号变压器	1号变压器
35kV母线	津奥:43母线 津奥:44母线 津奥:48母线	津奥:41母线 津奥:42母线
35kV线路开关	津奥:321开关 津奥:325开关 津奥:323开关 津奥:327开关 津奥:330开关 津奥:328开关 津奥:349开关 津奥:352开关 津奥:329开关	津奥:318开关 津奥:317开关 津奥:314开关 津奥:313开关 津奥:315开关
35kV线路	奥纪二 奥紫线 奥凌一线(津奥323-凌庄子313) 奥兰 奥寺二线(津奥330-大寺315) 奥杨一线 奥通一线(津奥349-宝通道313) 奥凌线(津奥352-凌庄子315) 奥光二线	奥凌二线(津奥318-凌庄子319) 奥寺一线(津奥317-大寺314) 奥通二线(津奥314-宝通道319) 奥纪一 奥杨二线(津奥315-杨楼316)
35kV线路开关	纪庄子:纪安318开关 纪庄子:303开关 黑牛城:紫黑314开关 黑牛城:302开关 兰水:奥兰312开关 兰水:301开关	纪庄子:奥纪一314开关 纪庄子:302开关
35kV用户	津奥:安全局 津奥:肿瘤医院 津奥:数字大厦	津奥:天宾

图 5－12　220kV 津奥变电站用户集分析（主网）

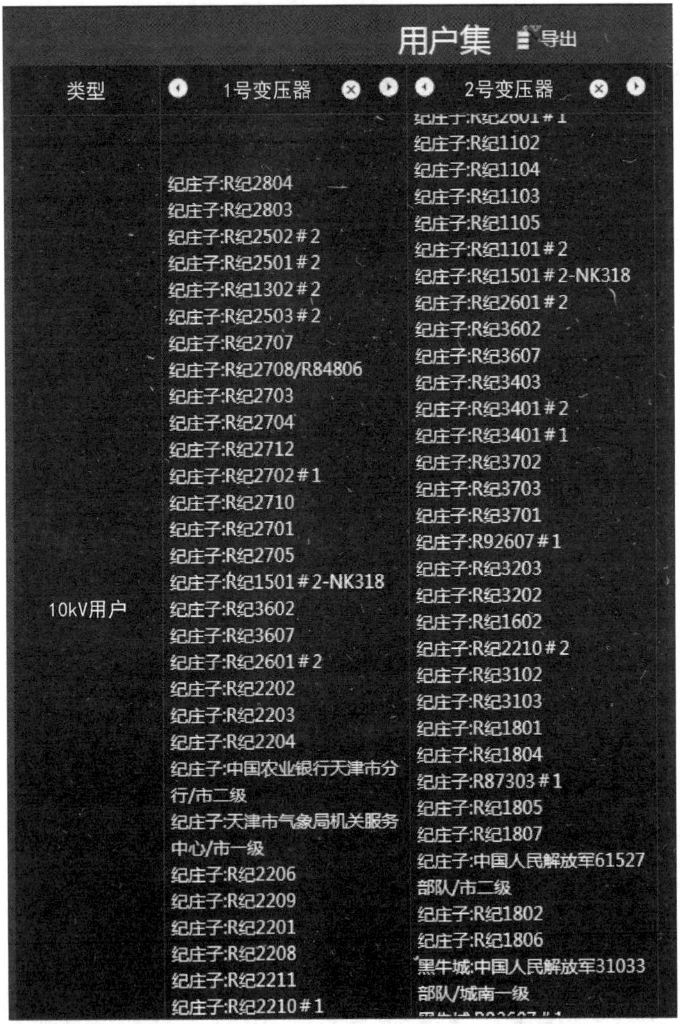

用户集 导出

类型	1号变压器	2号变压器
10kV用户	纪庄子:R纪2804 纪庄子:R纪2803 纪庄子:R纪2502＃2 纪庄子:R纪2501＃2 纪庄子:R纪1302＃2 纪庄子:R纪2503＃2 纪庄子:R纪2707 纪庄子:R纪2708/R84806 纪庄子:R纪2703 纪庄子:R纪2704 纪庄子:R纪2712 纪庄子:R纪2702＃1 纪庄子:R纪2710 纪庄子:R纪2701 纪庄子:R纪2705 纪庄子:R纪1501＃2-NK318 纪庄子:R纪3602 纪庄子:R纪3607 纪庄子:R纪2601＃2 纪庄子:R纪2202 纪庄子:R纪2203 纪庄子:R纪2204 纪庄子:中国农业银行天津市分行/市二级 纪庄子:天津市气象局机关服务中心/市一级 纪庄子:R纪2206 纪庄子:R纪2209 纪庄子:R纪2201 纪庄子:R纪2208 纪庄子:R纪2211 纪庄子:R纪2210＃1	纪庄子:R纪2601＃1 纪庄子:R纪1102 纪庄子:R纪1104 纪庄子:R纪1103 纪庄子:R纪1105 纪庄子:R纪1101＃2 纪庄子:R纪1501＃2-NK318 纪庄子:R纪2601＃2 纪庄子:R纪3602 纪庄子:R纪3607 纪庄子:R纪3403 纪庄子:R纪3401＃2 纪庄子:R纪3401＃1 纪庄子:R纪3702 纪庄子:R纪3703 纪庄子:R纪3701 纪庄子:R92607＃1 纪庄子:R纪3203 纪庄子:R纪3202 纪庄子:R纪1602 纪庄子:R纪2210＃2 纪庄子:R纪3102 纪庄子:R纪3103 纪庄子:R纪1801 纪庄子:R纪1804 纪庄子:R87303＃1 纪庄子:R纪1805 纪庄子:R纪1807 纪庄子:中国人民解放军61527部队/市二级 纪庄子:R纪1802 纪庄子:R纪1806 黑牛城:中国人民解放军31033部队/城南一级

图 5－13　220kV 津奥变电站用户集分析（配电网）

4）负荷转供策略。采用决策树生成电网负荷转供策略，提升电网严重故障应急处置能力。地区电网中选中任意一个或多个设备（线路、主变压器、母线等）停电，进行拓扑计算生成此种方式下的主配一体负荷转供策略（见图 5-14），综合考虑变电站备自投、输电备用电源线路及 10kV 配网联络，设定约束条件（转供后负载率、配电自动化可遥控操作、转供后产生的风险预警），采用决策树及神经网络混合算法，生成决策树、价值网络、策略网络，最终从海量方案中评价得出最优策略。计算后提供整体评价较高的 5 个转供策略并提供评价结果原因，按照权重给出最优负荷转供方案。改变以往多条配电线路倒路方案人工计算模式，方案制订时间由原先人工计算的 20min 缩短到 1min 以内，极大提升值班人员面临严重电网故障时的应急处置能力。

5）电网风险预警实时播报。由全供电路径分析电网方式，侦测满足电网风险预警条件的电网设备。包括各电压等级变电站与敏感用户全停风险、保电用户停电风险、重过载不满足 $N-1$ 设备等。满足启动条件即进行发布，方式恢复后能够同步解除电网分享预警。在电网图中进行分类展示、提醒，并提供表格的形式进行查询、展示。

（4）基于调控云的语音智能交互。基于语音识别技术建立调度音频解析平台，通过语音识别、语义解析技术，建立的电网信息语音数据库。建立一个以电网模型及设备为中心的音频识别、解析平台，基于对电网信息进行智能检索，具备人机之间语音的智能交互，训练电力专业术语，进行 15 万城南主配网设备名称音频识别。提供实时语音交互，智能识别语音命令，实现操作成票、策略分析等应用的语音交互（见图 5-15）。

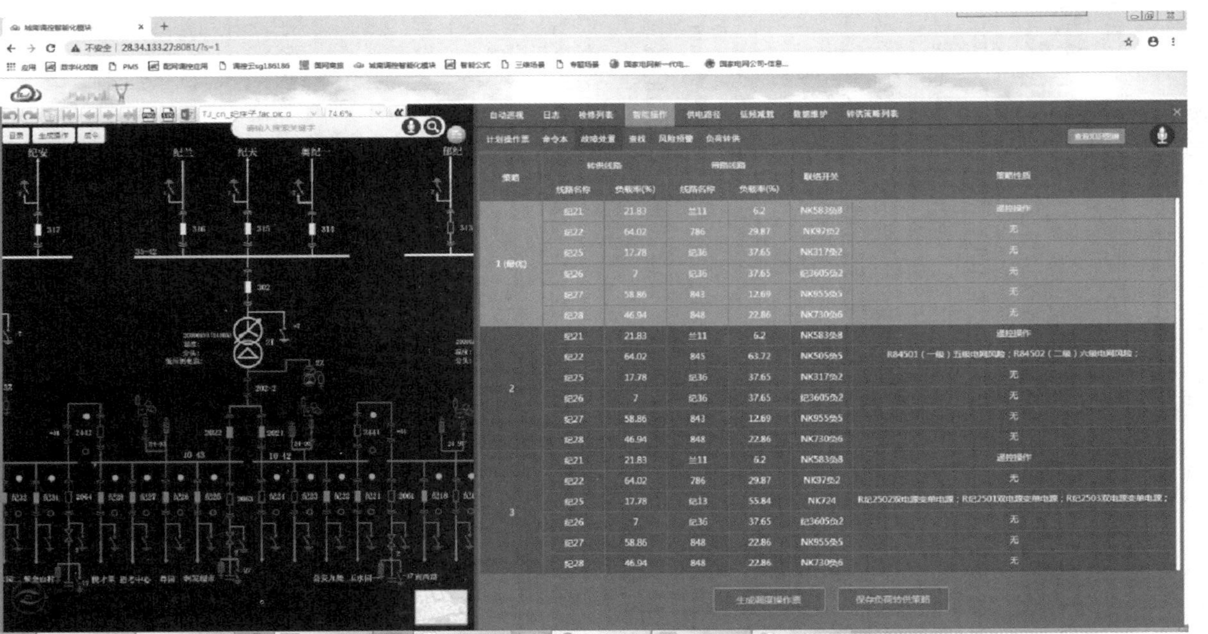

图 5－14 自动生成 35kV 纪庄子变电站 2T 负荷转供方案

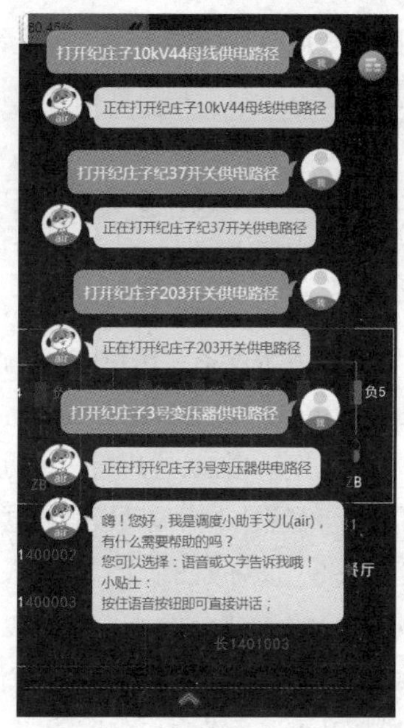

图 5－15　语音交互实现供电路径功能调用

5.1.3　应用效果

（1）推进调控云平台实用化进程。以应用层建设校验平台层支撑能力。构建调控云平台主配一体电网模型，以实用化为导向开展多种调控应用。2019 年率先完成和平、河西区主配电网模型建设，2020 年 6 月推广应用范围至城南全域，地区电网覆盖率 100%。

以应用层为抓手不断迭代完善平台层建设。建立以应用倒逼模型机制，校验数据准确性、沉淀共性服务，2020 年 6 月以来应用拓扑校验工具累计发现修复调控云主配电网模型错误 354 处，从而更好支撑应用层运行，全面推动调控云平台实用化进程。

（2）强化电网安全应急保障能力。以智能策略强化电网安全保障能力。利用调控云平台完成主配网模型拼接，实现省地两级调度信息共享，提升电网风险防控与应急处置能力。利用10～220kV 供电路径图自动生成，改变以往供电路径图手绘模式，辅助调控人员快速掌握电网方式，广泛应用在预案编制业务场景。应用用户集分析功能通过拓扑溯源算法实现了选中任意电网设备快速检索其下游设备、用户信息，改变以往人工查阅大量图纸的模式。2019 年 12 月 11 日，城南上级电网 220kV 利民道变电站发生波动，当值调控员应用用户集功能快速收集了下游的厂站和用户信息。经统计本次波动影响的电网设备和重要用户达 1255 个，分布在 86 张调度图纸上，以往人工查阅、记录最少需要 20min，现在通过用户集分析可以 1min 以内完成计算，并将结果导出发送给运检和营销专业，实现了故障信息高效传递。

以信息化手段提升重要负荷供电保障能力。在 2020 年防疫保障用户、敏感用户、迎峰度夏、中高考保电管控要求不断提升背景下，通过智能化、信息化手段提升基层班组承载力。2020 年应用各类智能策略和供电路径分析工具快速完成预案编制、方式分析 197 项，2020 年累计成功参与完成全部 4 次输变电设备故障与 199 次配网故障处置，实现调控业务由人力密集型向科技密集型转变。

（3）推动人工智能在配网调控领域落地应用。以人工智能应用减轻基层班组工作负担。通过决策树等人工智能算法实现自动生成配网倒闸操作票，改变以往人工写票模式，减轻调控值班人员负担。建立人工智能技术管控机制，对各类智能分析结果审核管控，形成审慎严密的人工智能管控体系。将配网调度倒闸操作票自动生成、配网故障处置辅助决策等应用固化至生产业务流程，紧贴一线生产业务，串联倒闸操作、故障处置、计划检修生产业务，全面推进人工智能在配网的落地应用。实现人工替代与配网调控提质增效。2020 年累计完成 505 张配网调度倒闸操作票编制，通过负荷转供策略完成 29 个变电站半面检修配网倒路票编制，切实将成果应用到实际工作中。

以人工智能技术实现调控业务便捷智能交互。率先实现调控云平台语音识别与智能交互，应用人工智能技术对电力专业术语进行深度训练，基于调控云平台创新对配网调控业务与设备模型进行语料训练，实现以配网设备为中心的人机智能语音交互。

（4）打造云平台“先行先试”示范标杆。打造调控云平台配网模型标准先行先试。承接调控云配网模型建设试点建设任务，编制调控云配网模型结构化设计，完成配网 29 类一次设备与 9 类公共数据模型设计，形成相关数据字典 19 项，创新馈线表、电力用户表配网设计模型，形成调控云配网模型“天津范式”。

5.2 调控云体系建设应用

5.2.1 简介

调控云，即生产控制云（英文简称 dCloud，域名中使用 dc 作为简称），是国家电网公司“三朵云”规划中的一个重要组成部分。为适应“统一管理、分级调度”的调度管理模式，调控云采用统一和分布相结合的分级部署设计，形成国分主导节点和各省级协同节点的两级部署，共同构成一个完整的调控云体系。主导节点和协同节点在硬件资源层面各自独立进行管理；在数据层面，主导节点作为调控云各类模型及数据的中心，负责元数据和字典数据的管理，并负责调控云各类数据的数据模型建立，以及国调和分中心管辖范围内模型及数据的汇集，协同节点负责本省模型及数据的汇集并向主导节点同步/转发相关数据；在业务层面，调控云作为一个有机整体，由主导节点基于全网模型，提供完整的模型服务、数据服务及业务应用，各协同节点基于本省完整模型及按需的外网模型提供相关业务服务。

调控云作为电力生产控制类业务的底层技术基础，提供基础设施服务、运行环境支撑、模型数据服务等，为新一代调度控制系统分析决策中心的建设提供支撑，同时承载调控中心以及公司各部门的各类应用。针对调控业务特点，建设模型数据云平台、运行数据云平台、实时数据云平台及大数据平台等功能。

调控云由 IaaS、PaaS 及 SaaS 组成。IaaS 通过虚拟化管理对硬件资源进行有效整合，生成统一管理、灵活调度、动态迁移的基础服务设施资源池，并根据需要安装可信操作系统，为上层 PaaS 平台提供自动化的基础设施服务。PaaS 充分整合、调度及监视 IaaS 的各类基础资源，提供公共服务及开发运维管理，规范电网模型，整合各类数据，为 SaaS 应用提供通用服务，并实现与主导节点–协同节点的纵向同步及各节点的 A/B 站点横向同步。SaaS 通过应用展示窗，支撑各类应用发布，如数据统计及分析决策类、电网分析类、大数据分析决策类及仿真培训类等。

5.2.2 建设体系架构

（1）网络架构。根据调控云架构设计，其网络分为资源高速同步网、源端接入网和用户接入网。

1）资源高速同步网。新建带宽不低于千兆的资源高速同步网，用于调控云内部各节点以及节点内双站点间的广域高速互联，支撑调控云数据同步。资源高速同步网预留软件定义网络（SDN）接入扩展能力。

2）源端接入网。源端接入网为源数据端（本地业务系统）到调控云提供数据网络通道。其中生产控制大区采用调度数据网现有网络，满足电力监控系统安全防护规范要求。管理信息大区采用综合数据网现有网络，满足信息安全防护规范要求，条件允许的单位可划分独立 VPN。

3）用户接入网。用户接入网为调控中心用户访问调控云提供网络通道，采用综合数据网现有网络，并划分独立 VPN，满足信息安全防护规范要求。

在前期建设过程中，用户接入网与源端接入网按分区物理上合用一个网络，其网络结构如图 5-16 所示。

（2）硬件架构。调控云各节点采用 AB 站点的建设模式，AB 站点采用均衡的硬件架构，通过资源高速同步网进行横向数据同步，并通过全局负载均衡为上层业务提供服务。AB 站点内采用前端业务层、计算资源层及后端存储层三层架构设计。

1）前端业务层。前端业务层配置源数据端接入交换机、客户端接入交换机、业务汇聚交换机、全局负载均衡、服务器负载均衡及防火墙等硬件设备。

2）计算资源层。计算资源层配置计算服务器、云管理服务器、管理工作站及虚拟化接入交换机等设备。

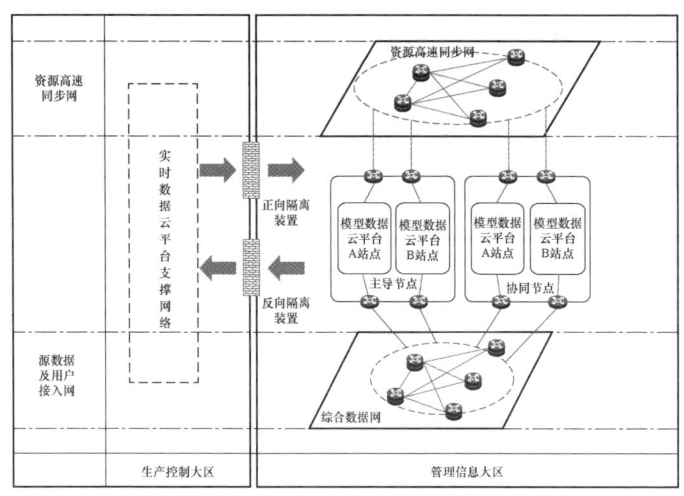

图 5-16　调控云网络结构

3）后端存储层。后端存储层配置分布式存储服务器、磁盘阵列、关系数据库服务器、列式数据库服务器、MPP 数据库服务器、存储汇聚交换机、分布式存储接入交换机及列式数据库接入交换机等设备。

综合前端业务层、计算资源层和后端存储层，调控云节点的硬件架构示意图如图 5-17 所示。

（3）软件架构。调控云软件架构按照云计算典型分层设计自下而上分进行层次划分，包括 IaaS 层、PaaS 层和 SaaS 层，并配置云安全防护功能。层次详细功能见后续应用章节。

调控云安全通过建立安全防御系统，从“网络隔离、安全防护、传输安全、应用安全和管理安全”等多个安全角度考虑，提供一个完整的安全架构，确保物理环境安全、虚拟化安全、网络安全、主机安全、应用安全和数据安全。调控云软件架构（不包括实时数据云平台）如图 5-18 所示。

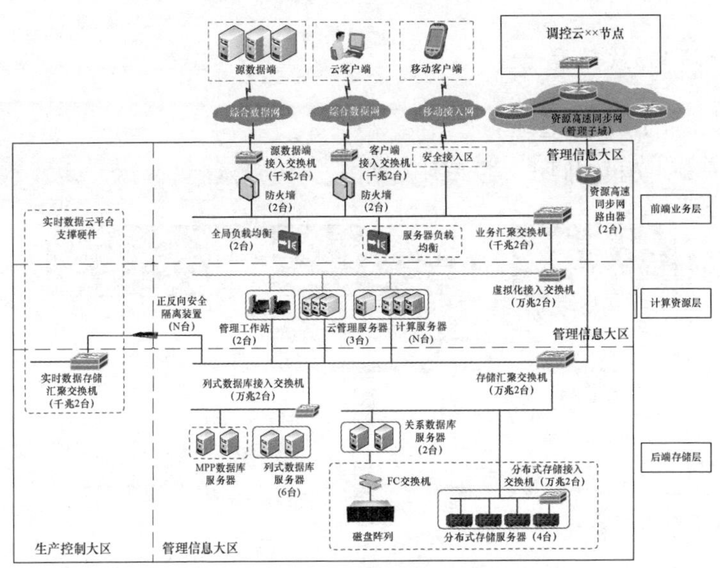

图 5－17　硬件架构示意图

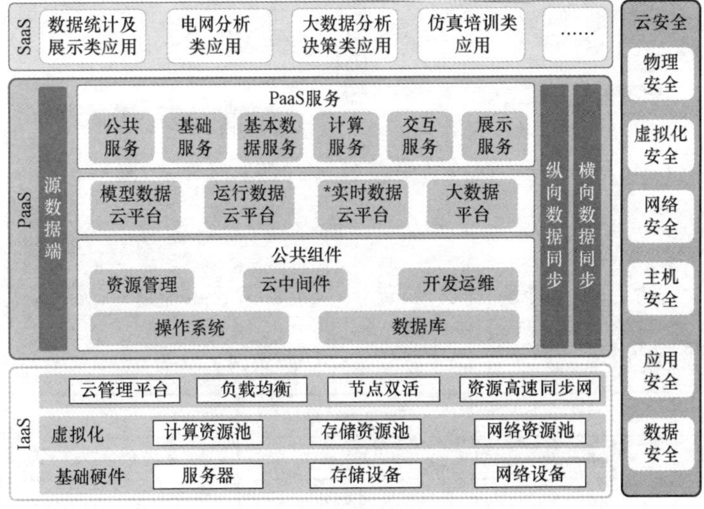

图 5－18　调控云软件架构

5.2.3 数据云平台

（1）模型管理。

1）模型同步。模型种类如图 5-19 所示。

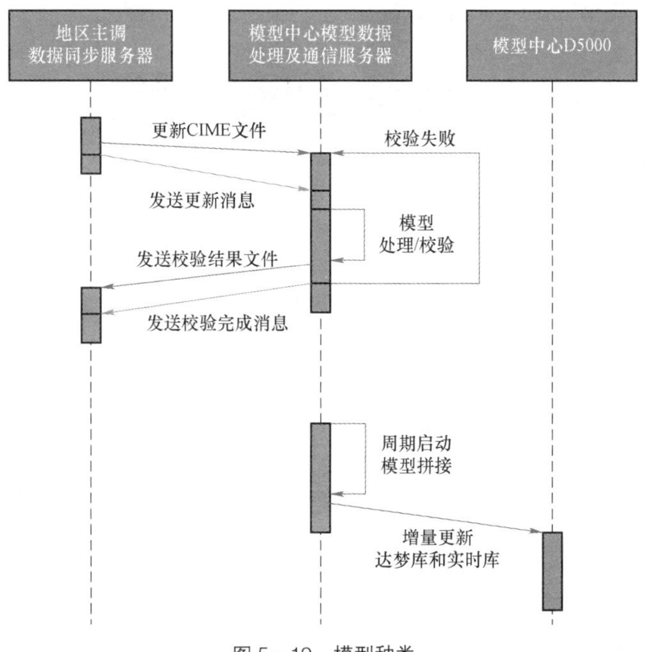

图 5-19 模型种类

所有表的关键字段：name，record_app，region_id，见表 5-2。

表 5-2 关键字段及要求

字段名	名称	要求
name	中文名称	不能包含空格
record_app	所属应用	需要勾选 scada，pas
region_id	所属地区	按各地调命名

所涉及的表包含 D5000 数据库中所涉及的表，有要求的表见表 5-3。

表 5-3　　包含 D5000 数据库中所涉及的表

表名	中文表名	要求
Substation	厂站表	接线图名称要和图形文件名称一致，特别是由于编码导致的下划线、短线
ACLineSegment	交流线段表	电阻、电抗、充电电容合理
TransformerWinding	变压器绕组表	电阻、电抗、挡位合理
ShuntCompensator	并联容抗器	nomQ 额定容量 V_rate 额定电压
Analog	遥测表	设备类名、设备类标识、量测类 Busbar Section fyu.fyu010b42 A 相电压
Discrete	遥信表	设备类名、设备类标识、量测类型 Breaker djc.djc14 开合状态

2）模型校验。模型校验内容：

a. 连接点悬空：即设备的连接点上没有关联其他设备。

b. 设备连接点不全：设备一端或两端的连接点号未填写。

c. 关联关系缺失或填写不正确。

d. 名称（PathName）重复或为空。

e. 关联到同一连接点的设备所属电压等级、所属基准电压、所属厂站需一致。

f. 检查某些必要的参数是否为空。

g. 变压器不包含绕组设备：即绕组表中没有记录关联到该变压器。

h. 检查有 region_id 属性的类，此属性值为 0 或空的记录。

3）模型转换。规范 basevoltage 表，同一使用天津市调的

base voltage 表。删除 10kV 及以下电压等级记录；删除所有虚拟站；处理所有表 record_app 字段已适应 scada/pas/dts；转换限值表的 alg_id。

D5000 模型规则：D5000id 是 18 长度的整型数字，占 64 位。编码规则是表号 + 域号 + 区域号 + 索引。

table_id：48 ~ 63 占 16 位

column_id：32 ~ 47 占 16 位

area_id：：24 ~ 31 占 8 位

Index：：0 ~ 23 占 24 位

量测 id 实例说明：

例：<Analog：：城东>

4 121597191566435709 NULL 城东.王秦庄/10kV.2032 开关/有功值 113997367195205636 32831 97 Breaker 114560317148626982 有功

断路器的模型 id 为：114560317148626982

断路器的有功域号为：50

断路器的有功 alg_id 为：114560531896991782

实时数据上送报文交互用的就是 alg_id

模型拼接见图 5-20。

	ID	NAME	ST_ID
1	114560317148626982	城东.王秦庄/10kV.2032开关	113997367195205636

ID	NAME	ST_ID	ALG_ID
121597191566435709	城东.王秦庄/10kV.2032开关/有...	113997367195205636	114560531896991782

图 5-20　模型拼接

基于天津电网模型拼接的要求，以线路作为分隔内外网的边界设备：

1）市调和地调的边界一般定在 220kV 变电站的 110kV 出线上；

2）地调和地调的边界一般为 110kV 或 35kV 的联络线上。

模型拼接以线路作为边界，通过边界表对各地调及市调上送模型进行边界裁剪拼接，对边界设备的 ID，连接点号 ND 和设备两侧 ID 进行边界替换。

模型线路边界拼接处理方式见图 5-21。

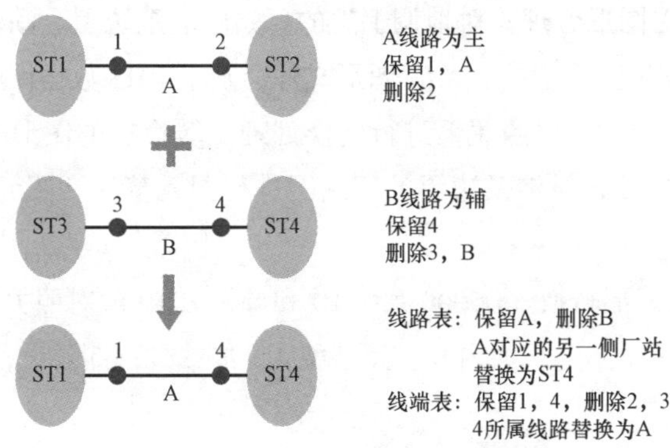

图 5-21　模型线路边界拼接处理方式

模型负荷边界拼接处理方式见图 5-22。

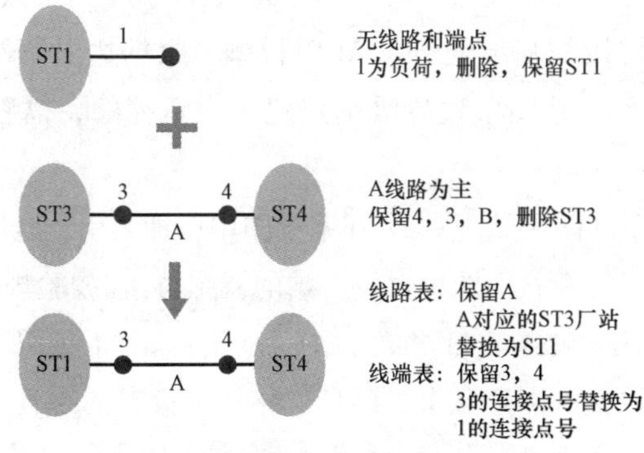

图 5-22　模型负荷边界拼接处理方式

一般而言负荷 1 是市调的，量测比较准确，而线端 3 的量测是地调的，此时需要将负荷 1 的量测转到线 端 3 上负荷和线端的量测对照关系，实时数据处理环节做替换。

地调侧做线路切改涉及连接点号修改时，需要重新进行节点入库，对相关线路配置新的连接点号，并重新导出 cime 文件传至调控云“模型拼接”中，涉及边界的需要在边界维护表中更新最新内容。

（2）图形管理。对地调上送的厂站图、系统图、潮流图进行转换处理。上送的 CIM/G 图形文件会基于 EMS 数据库中的全网那个模型 ID 对照关系进行转换处理，转换后的图形文件用于图形拼接，对涉及边界的厂站图进行图元替换和图元 keyid 替换。

1）图形转换。D5000 系统 ID 和调控云 ID 的对照关系。

D5000 图形转换内容：光字牌 ID 加域号；部分设备表 ID 加域号；

图元关联关系校验：

根据 ID 对照关系，把原系统 keyid 转换为 DCloud 规范 ID；

根据对照关系，把原系统 voltype 转换为 DCloud 规范 ID。

图形拼接是基于全网 CIM/E 模型，根据边界条件将图形进行合并，厂站图中边界吸纳路建模为负荷的，需替换成线端图元。

全网系统图的处理：① 在系统图中增加索引，链接到对应潮流图。② 更新索引图中对应厂站的调图链接。校验规则：keyid 在模型中不存在；keyid 重复；图元缺失；keyid 编码不规范；设备图形缺失；图形冗余；图形、拓扑、模型的一致性；电压等级 voltage 的处理，Dtext 量测点的处理。

2）拓扑转换。调控云结构化节点拓扑的生成方式采用 D5000 模型连接点号映射的方式，即根据调控云节点号的编码规则，将 D5000 模型拓扑连接关系转换为调控云模型的拓扑连接关系，支持增量更新和变化更新，已有的拓扑节点号和拓扑关系不变动，D5000 连接点号发生变化，调控云节点点号也会更新，其基础是 D5000 模型 ID 和结构化模型 ID 之间的映射关系。

（3）运行数据管理。运行数据汇集主要功能是将 EMS 系统、OMS 系统以其他运行产生的数据从各地调度中心传输到调控云，其逻辑上包括运行数据获取与报文转换、运行数据传输、运行数据解析与存储三部分。

1）数据汇集。电网运行大数据具有数量巨大、复杂多样、分散放置等特征，这些特征给数据抽取、转换及加载（extract transform load，ETL）过程带来极大的挑战。为确保大数据采集过程完整高效，需要根据其数据类型及特征选择相应的采集策略，通常分为流式数据采集、数据库采集及文件采集三种。

流式数据采集用于对智能电网设备监控日志、采集报文等数据进行分布式采集、聚合和传输。

数据库采集用于从关系型数据库抽取数据到分布式存储系统中。

文件采集用于采集 txt、csv、dat 等类型的文件，并且可以通过配置文件校验规则、预处理规则等转换规则，实现对文件的稽核，完成文件数据接入。

2）数据存储。电网运行大数据需要根据数据特点选用合适的数据存储方式，保证具有足够的存储容量和高效的查询索引性能。通过构建易于扩展的分布式存储系统，动态管理存储节点。大数据存储方式包括但不限于分布式文件系统、数据仓库、列式数据库、MPP 数据库等。

分布式文件系统适合存储海量非结构化数据，即将数据存储在物理上分散的多个存储节点上，统一管理和分配节点资源。

数据仓库用于存储所有最低粒度的事实数据、业务数据、主数据、参照数据和维度数据；列式数据库按照键值对（Key－Value Pair）进行组织、索引和存储，适合结构复杂、关联较少的半结构化数据存储。

MPP 数据库采用 Shared Nothing 架构，具备数据高效存储、高并发查询功能，适用于海量数据的统计分析。

3）数据处理。数据处理功能包括但不限于流式计算、内存计算和离线计算功能。

流式计算能够处理源源不断的数据流，并将结果写入存储系统中，经常用在实时分析、在线机器学习、持续计算、分布式远程调用和 ETL 等领域。

内存计算主要应用于海量、非实时静态数据的复杂迭代计算，可以通过减少磁盘 I/O 的操作，提高数据读写能力，加速海量数据的分布式计算效率。

离线（批量）计算主要应用于海量、非实时静态数据的批量计算和处理。

4）数据分析算法。根据电网运行数据特点，构建相应的算法模型，如分类（朴素贝叶斯、决策树、随机森林、支持向量机等）、回归类（如逻辑回归、线性回归等）、聚类（KMeans、高斯混合、层次聚类等）、降维（奇异值分解、主成分分析、独立成分分析等）、时间序列算法、关联分析（Apriori、FPGrowth、序列关联分析等）、综合评价、主题模型、异常检测模型、协同过滤等算法，来满足业务场景的应用要求。另外，通过深度学习等神经网络方式、强化学习等迭代更新方式，结合算法训练自适应优化，实现模型结果的自我学习、修正和提升，支持基于人工智能的调控辅助决策分析应用。

对于省地一体化建设的源数据端，其数据流向如图 5-23 所示。

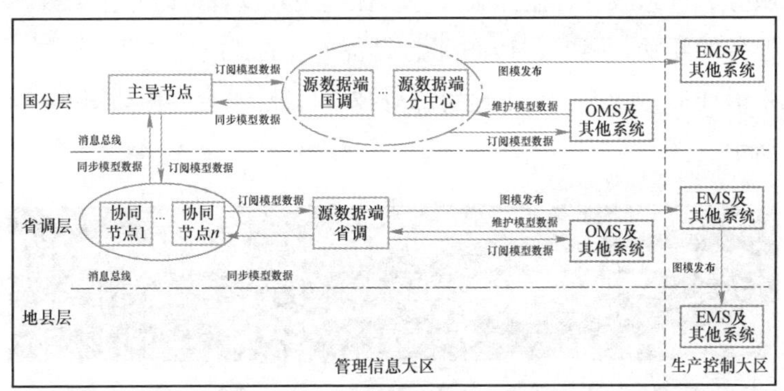

图 5-23　模型数据流向图（省地一体化）

调控云业务数据种类繁多，涉及元数据字典、实时数据、运行数据、模型数据及海量的大数据，数据特征如表 5-4 所示。

表 5-4　　调控云业务数据特征分析

数据分类	频度	数据量	数据类型	传输颗粒度	时间规律	存储周期
元数据字典	/	100kB	结构化	100kB	无	永久
模型数据	10s	1MB	结构化	1MB	无	10 年
	10s	1MB	非结构化	200kB	无	10 年
运行数据	1min	2.5GB	结构化	GB	1min	5 年
大数据	时/日	100GB	结构化	GB	无	永久
	时/日	10GB	非结构化	GB	无	永久
实时数据	s	0.5GB	报文	100MB	s	实时

5.2.4 建设应用服务

（1）云平台服务（PaaS）。

调控云平台服务层（PaaS）集成了调控云的核心组件，支撑应用运行所需的软件运行环境、相关工具与服务，如数据库服务、日志服务、监控服务等，让应用开发者可以专注于核心业务的开发。调控云 PaaS 平台具备平台的开放性、自由定制、平滑迁移、弹性扩展、安全可靠等技术特征。平台界面如图 5-24 所示。

图 5-24　平台界面

目前调控云中，在 PaaSP 平台，地调使用较多的是源数据端模块。源数据端作为调控云数据采集的“过渡”功能，负责将业务数据按照《电力调度通用数据对象结构化设计》规范的结构进行存储。在不影响现有系统正常运行的前提下，可通过源数据端实现标准化数据存储；当现有系统完全基于标准化结构运行时，源数据端就不再使用。部署在国调和分中心的源数据端和主导节点对接，部署在各省地调的源数据端和协同节点对接，通过纵向同步工具实现云端与对应源数据端的数据交互。源数据端采集系统主要包括 EMS、OMS、PMS、用采、GIS、气象信息、视频云平台等。

源数据端为全网提供模型数据，主要包括注册管理、元数据管理、字典管理、模型维护、公共数据维护、模型校验、ID 映射等功能模块。其中元数据管理和字典管理实现云端及所有源数据端数据结构及字典内容的一致性，模型数据管理实现模型数据在云端依托关系型数据库的数据存储，并通过数据服务向 SaaS 层应用提供数据支撑。

现阶段主要对模型维护、ID 映射、模型校验、公共数据进行维护。

1）模型维护。模型维护分为容器及下属对象数据维护和单类对象维护。容器及下属对象数据维护需要先维护上级容器数据，并在容器内维护下属对象。维护界面如图 5－25 所示。

各地调需要录入相关变电设备，包括母线、变压器、变压器绕组、断路器、隔离开关、接地刀闸及相关补偿设备。母线必须优先维护，只有维护完所有母线和虚拟母线后才可以开始维护其他一次设备，具体限制会有相关提示，维护人员应按提示操作。各设备要对应准确填写资产单位、调度机构、检修机构等能唯一识别所属单位的信息，同时填写生产厂家、额定容量、型号、投运日期、运行状态等相关参数。星号字段为必填字段，空时无法保存数据。变电站投运日期应与建设部及 ERP 相关内容保持一致，确保实现三率合一。单一对象维护只维护一类对象，如电网、电网公司、发电公司等，该类维护不在地调维护范围内。

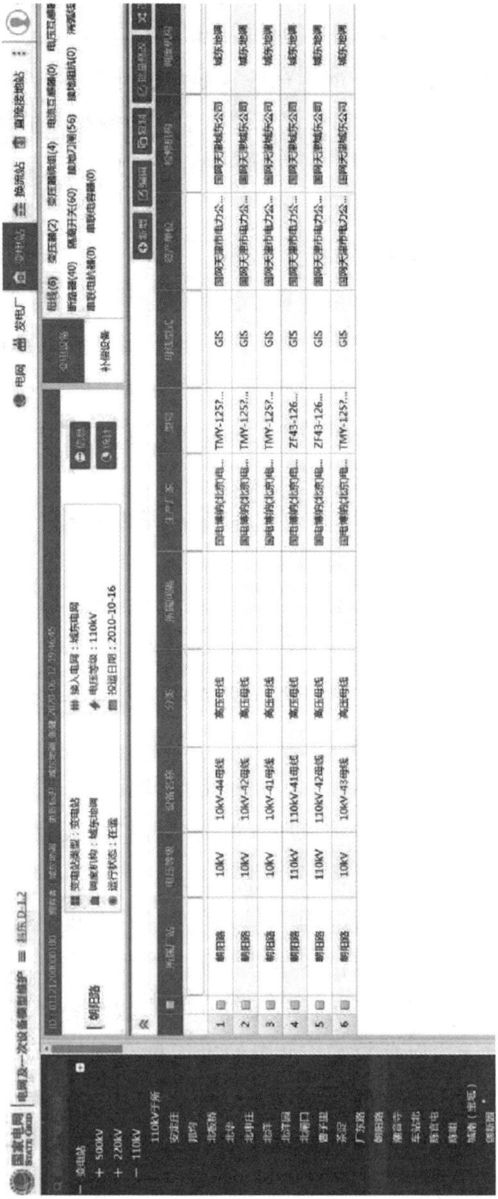

图 5－25　模型维护界面

2）ID 映射。模型维护后，需要对并联电容及交流线路进行 ID 映射。界面如图 5－26 所示。

当设备发生变化或存在线路切改时，需要在模型维护中更新同步，并在 ID 映射界面中删除以前的映射关系，重新做一次现运行方式映射。地调侧为离线运维，修改完后需要联系项目组进行上传同步。

3）模型校验。在完成上述两步后，需要进入模型校验，如图 5－27 所示。

进入校验首页，红色数字代表错误数量，点击数字即可进入校验详细页面，点击“历史校验信息”“查看报告”可查看模型错误详细信息，根据要求需要修改相应报错信息。

4）公共数据维护。各地调需要对公共数据进行维护，维护界面如图 5－28 所示，需要对机构、调度运行人员、处室分别进行维护。

（2）云应用服务（SaaS）。调控云可以提供基础设施服务、平台服务、模型服务和数据服务等，能够为调控中心各专业和电网公司各部门提供技术支撑和运行环境支撑，支撑各类调控业务的开发、部署实施。目前初步规划建设数据分析与展示类应用、电网分析类应用、大数据分析决策类应用、仿真培训类应用四大类应用，调度控制、系统运行、继电保护、调度计划、设备监控、水调及新能源等各专业和发展建设部、运检部等各部门可以根据自身业务需求，对 SaaS 层应用进行扩充。

运行数据云平台基于电网模型云平台提供的电网全模型，完成运行数据，即量测历史数据、计划预测数据等历史数据的抽取、同步以及数据存储与分析。平台界面如图 5－29 所示。

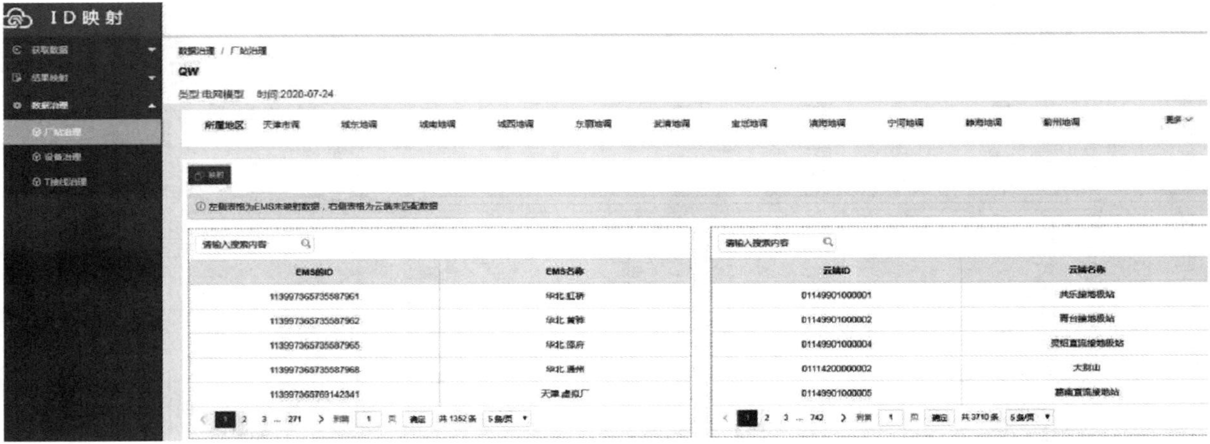

图 5－26　ID 映射

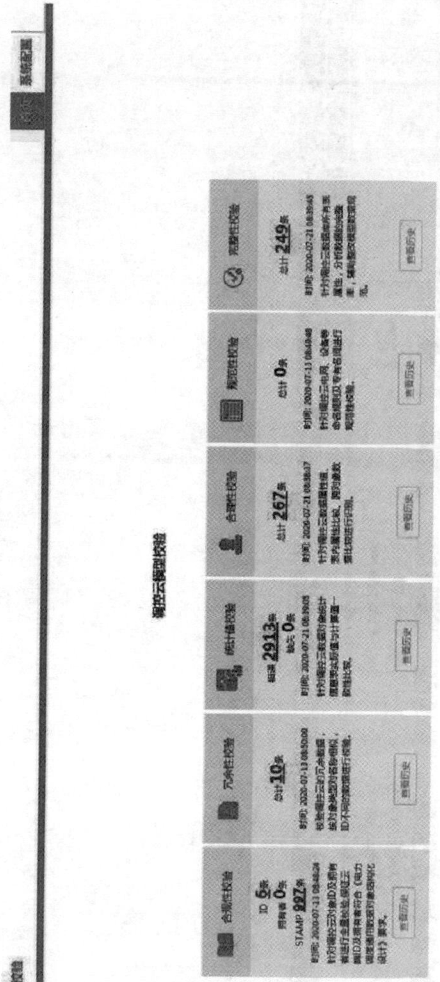

图 5－27　模型校验

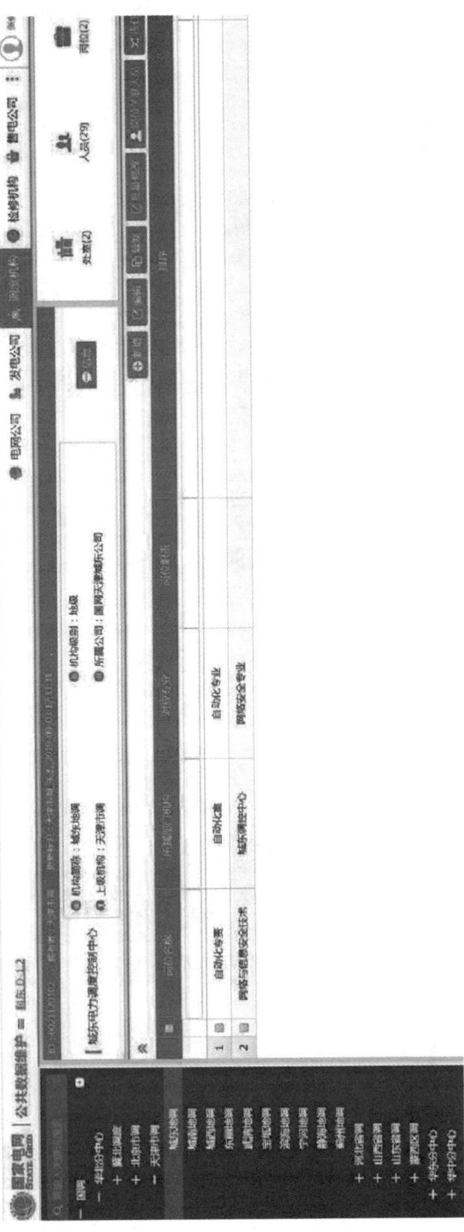
国家电网
公共数据维护
电网公司
发电公司
检修机构
售电公司
处室(2)
人员(29)
岗位(2)
城东电力调度控制中心
机构简称：城东地调
上级机构：天津市调
机构级别：地级
所属公司：国网天津城东公司
自动化专责
自动化处
自动化专业
网络与信息安全技术
城东调控中心
网络安全专业
国网
华北分中心
冀北调度
北京市调
天津市调
城东地调

图 5－28　公共数据维护

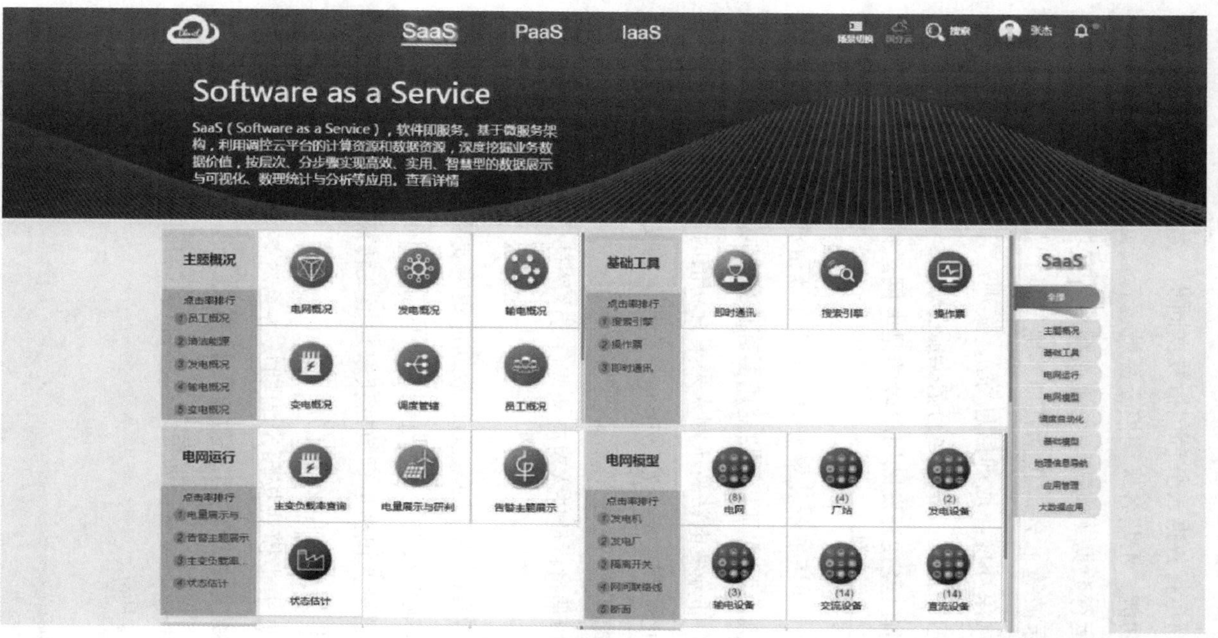
SaaS
PaaS
IaaS
搜索
Software as a Service
SaaS（Software as a Service），软件即服务。基于微服务架构，利用调控云平台的计算资源和数据资源，深度挖掘业务数据价值，按层次、分步骤实现高效、实用、智慧型的数据展示与可视化、数理统计与分析等应用。查看详情
主题概况
电网概况
发电概况
输电概况
变电概况
调度管辖
员工概况
基础工具
即时通讯
搜索引擎
操作票
电网运行
主变负载率查询
电量展示与研判
告警主题展示
状态估计
电网模型
(8)
电网
(4)
厂站
(2)
发电设备
(3)
输电设备
(14)
交流设备
(14)
直流设备
SaaS
图 5－29　平台主界面

电网运行数据云平台包括数据同步、数据存储、数据服务三部分功能，汇集各级调控云源端运行数据，主要包括传统的电气量运行数据（电压、电流、频率、有功、无功、电量、保护故障录波等），还应包括其他非电气量（监控告警信息、营销、运检、气象环境、地理信息等），实现运行数据全面存储，为 SaaS 层应用提供可靠的运行数据服务。

目前已经在开发试用阶段的是电网运行和应用管理模块内的相关内容。

1）主变压器负载率查询。主变压器负载率查询模块主要从调控云侧抽取地调上送的变压器高压侧有功，通过公式计算出负载率。部分变电站高压侧未采集有功值时需要做对应计算量，并按变化遥测上送至数据中心。未投运的变压器绕组应过滤。平台界面如图 5－30 所示。

可以通过详情进入对应地调负载率统计信息界面，如图 5－31 所示。

2）告警主题展示。运行数据汇集主要功能是将 EMS 系统、OMS 系统以其他运行产生的数据从各地调度中心传输到调控云，其逻辑上包括运行数据获取与报文转换、运行数据传输、运行数据解析与存储三部分。

数据采集模块按预定周期从各系统数据库中获取运行数据后封装成相应的运行数据传输报文，告警数据包括遥信变位、SOE、遥测越限三类报文。三类报文的具体结构如图 5－32～图 5－34 所示。

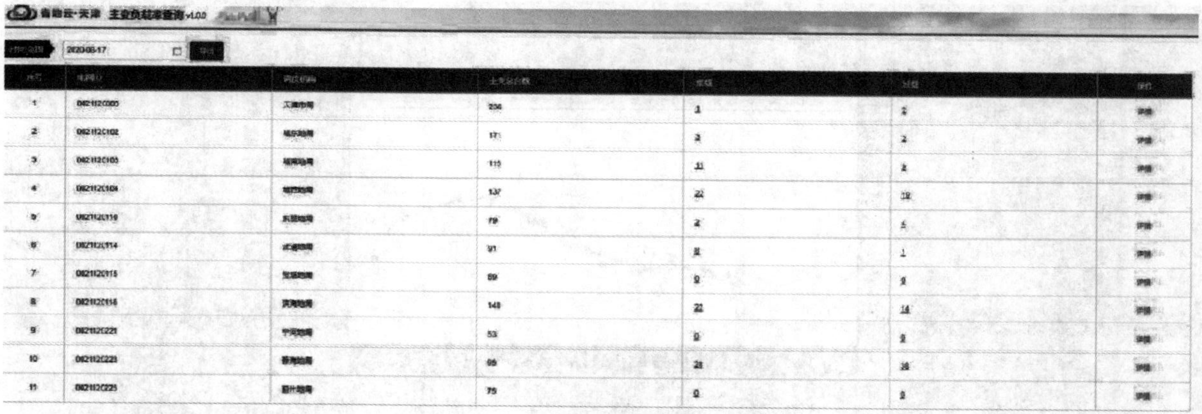

图 5－30　平台查询界面

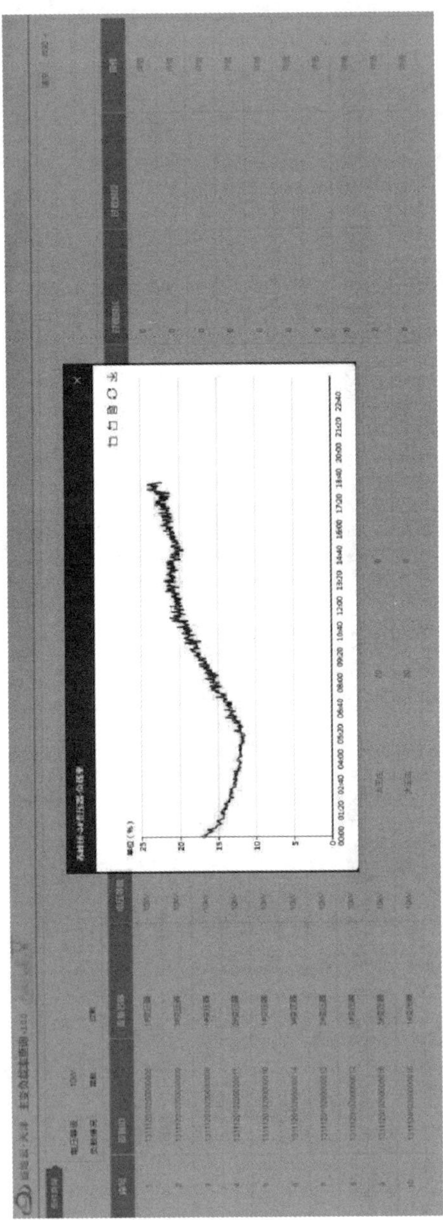

图 5－31　统计信息界面

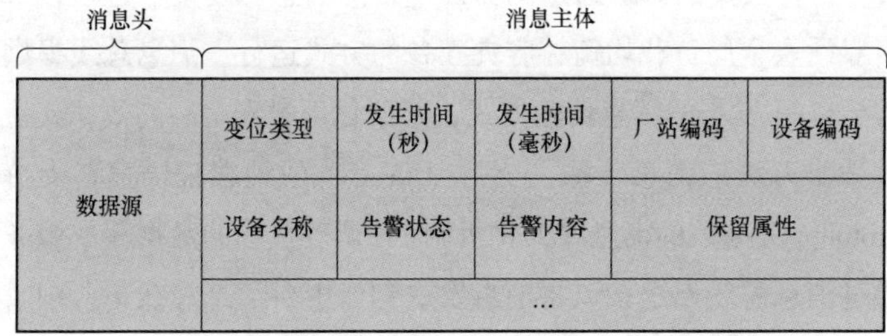

图 5－32　遥信变位报文结构

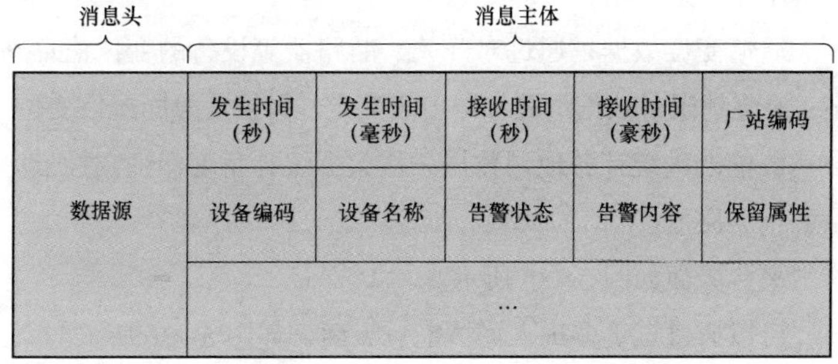

图 5－33　SOE 报文结构

消息头	消息主体					
数据源	越限类型	发生时间（秒）	厂站编码	设备编码	设备名称	告警状态
	遥测值	告警内容	所属电网	上限	下限	保留属性
	…					

图 5－34　遥测越限报文结构

运行数据的传输通过调控云平台的消息总线集群进行，采用双站点全局负载均衡、容灾互备的方式运行。消息总线提供基于订阅/发布的消息传输方式，集群化部署安全、高效，支持每秒十万级的消息传输，支持 JAVA/C 两种编程语言，支持 Protobuf 等高效的消息序列化机制，各调度机构的数据获取服务通过消息总线发送接口将消息发送到云平台消息总线集群中。部署于调控云平台的运行数据存储服务通过消息总线接口订阅该主题消息并接收消息，解析收到的数据，插入到运行数据云平台中。

遥信变位数据是通过对开关、断路器等设备的变位信息判定；遥测越限时根据量测和限值表判定；保护信号同遥信变位。该功能能准确统计各地调数据，从数据统计角度保证调控云海量数据的质量。

平台界面如图 5－35 所示。

可以通过点更多进入详情汇总界面，如图 5－36 所示。

3）状态估计。状态估计是智能电网调度技术支持系统核心应用功能，是其他应用功能的基础，为其他应用功能提供可能的实时数据。

状态估计展示页面全方面展示状态估计计算结果，包括多维度合格率信息、母线和线路首末段的不平衡信息、模型校验错误信息、计算参数、状态估计不合格信息等。

a. 状态估计软件。

a）状态估计主控界面。控制状态估计的启动方式和设置控制参数，显示状态估计的运行情况，见图 5－37。

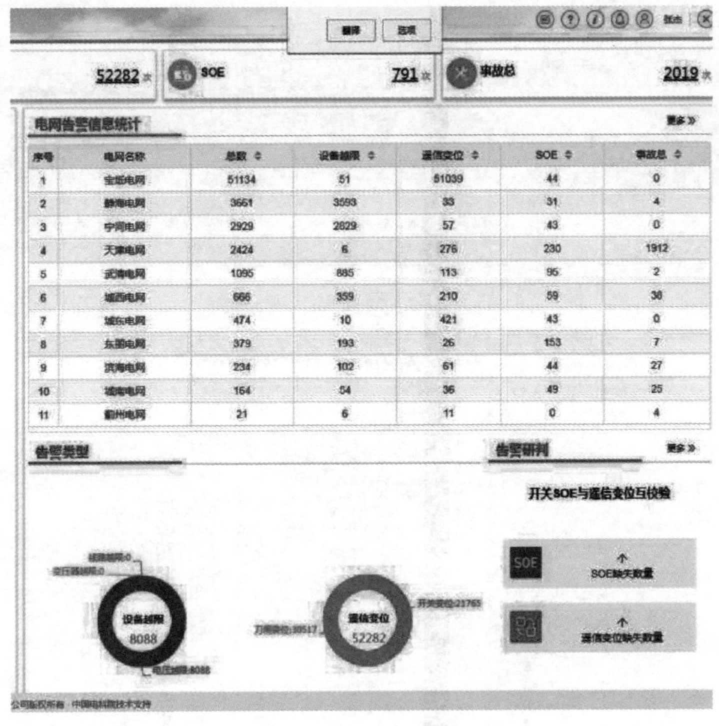

电网告警信息统计

序号	电网名称	总数	设备越限	遥信变位	SOE	事故总
1	宝坻电网	51134	51	51039	44	0
2	静海电网	3661	3593	33	31	4
3	宁河电网	2929	2829	57	43	0
4	天津电网	2424	6	276	230	1912
5	武清电网	1095	885	113	95	2
6	城西电网	666	359	210	59	38
7	城东电网	474	10	421	43	0
8	东丽电网	379	193	26	153	7
9	滨海电网	234	102	61	44	27
10	城南电网	164	54	36	49	25
11	蓟州电网	21	6	11	0	4

图 5－35　平台告警信息统计界面

b）量测预校验画面。提供母线、厂站功率量测不平衡量信息；线路首末段功率量测首末冲突信息；

显示母线电压量测、机组出力量测、线路和变压器功率量测越限信息；

统计量测中的老数据、坏数据情况。

c）计算结果画面。状态估计结果（包括母线电压和角度、支路潮流、机组功率、负荷功率等）；

显示电气岛信息，并提示解列电气岛；

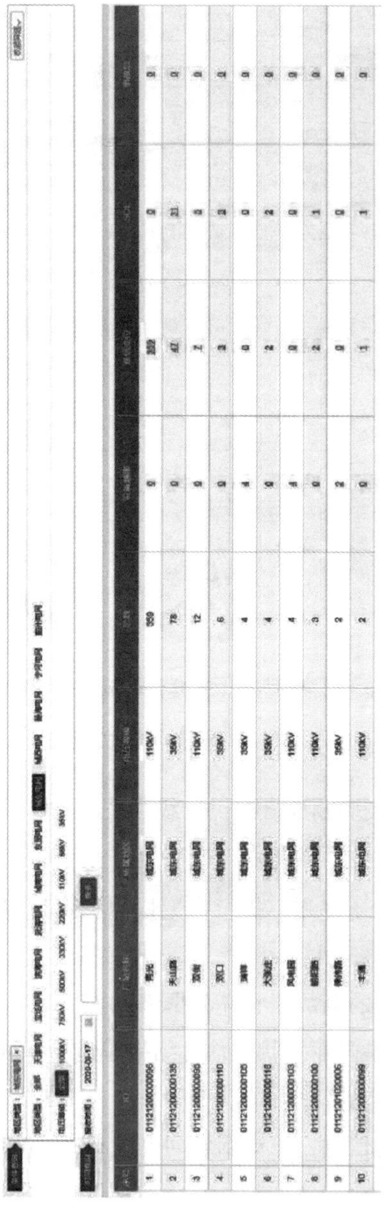

[illegible]	[illegible]	[illegible]	[illegible]	[illegible]	[illegible]	[illegible]	[illegible]	[illegible]	[illegible]
1	01121200000096	青光	城东电网	110kV	359	0	359	0	0
2	01121200000135	天山路	城东电网	35kV	78	0	47	31	0
3	01121200000095	双街	城东电网	110kV	12	0	7	5	0
4	01121200000110	双口	城东电网	35kV	6	0	3	3	0
5	01121200000105	[illegible]	城东电网	35kV	4	4	0	0	0
6	01121200000118	大张庄	城东电网	35kV	4	0	2	2	0
7	01121200000103	[illegible]	城东电网	110kV	4	4	0	0	0
8	01121200000100	[illegible]	城东电网	110kV	3	0	2	1	0
9	01121201020006	[illegible]	城东电网	35kV	2	2	0	0	0
10	01121200000099	[illegible]	城东电网	110kV	2	0	1	1	0

图 5－36 详情汇总界面

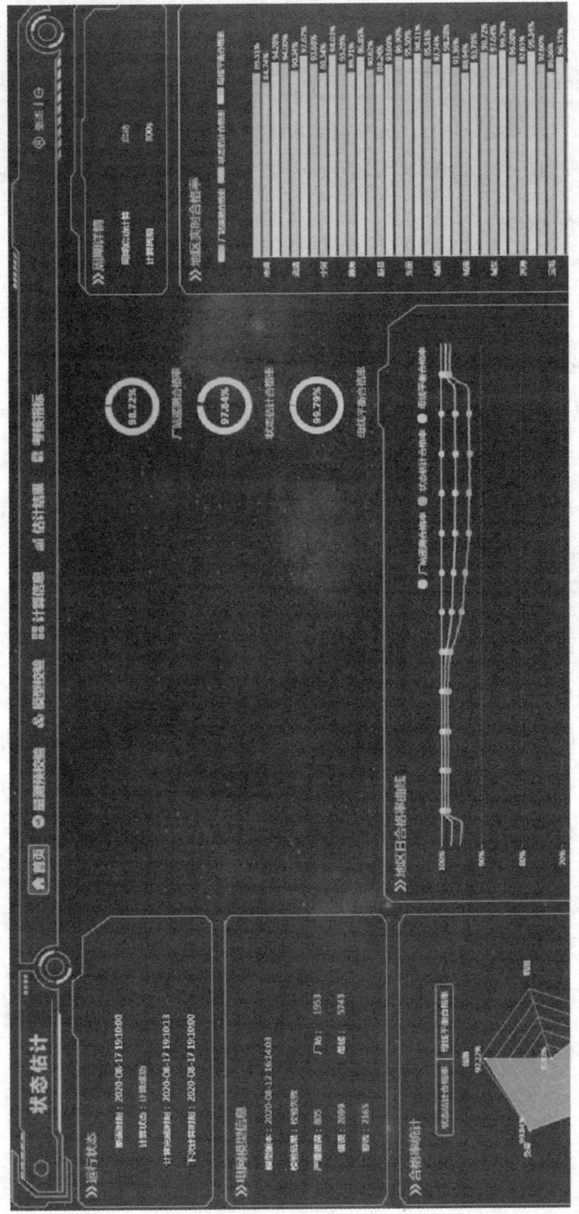

图 5－37　状态估计主控界面

提供状态估计计算迭代过程信息。

d）不良数据监测与辨识画面。不灵数据监测和辨识结果，提供历史不良数据和不正常量测统计数据；

显示实时状态量与开关辨识结果不一致的开关，并显示开关辨识的提示状态。

e）考核统计画面。按年、月、日统计状态估计合格率、可用率、电压残差平均值等考核指标；

按地区、厂站分别统计状态估计合格率等考核指标。

b. 模型校验。该功能为目前状态估计中常用功能。主要对状态估计模型出现的问题进行汇总。可以通过详细信息对各地调详情进行查询。可根据筛选条件设备表名、地区名称、错误类型进行筛选。错误类型分为警告、一般错误和严重错误，严重错误会影响状态估计，需要及时处理，见图 5-38。

目前各个表中存在的错误情况如下：

a）断路器/隔离开关表。断路器的电压基准值与关联的电压等级的电压类型不一致，或者设备的电压等级域为空找不到。引起该问题可能有两种情况，对于实际运行设备需要修改为一致，对于虚拟设备需要地调勾选虚拟标志，其他设备不勾选 PAS 标志位。

b）交流线段端点表。交流线段端点的交流线路 id 属性（aclnseg_id）为空或者错误，使得线路端点没有相应的交流线段关联。目前对此类问题只是警告（Warning），因为这些线路端点大部分是备用线路端点，只有一个端点，没有交流线段。线路端点找不到线路目前最普遍的问题就是备用线路，实际没有对外连接，不勾选 PAS 标志位。

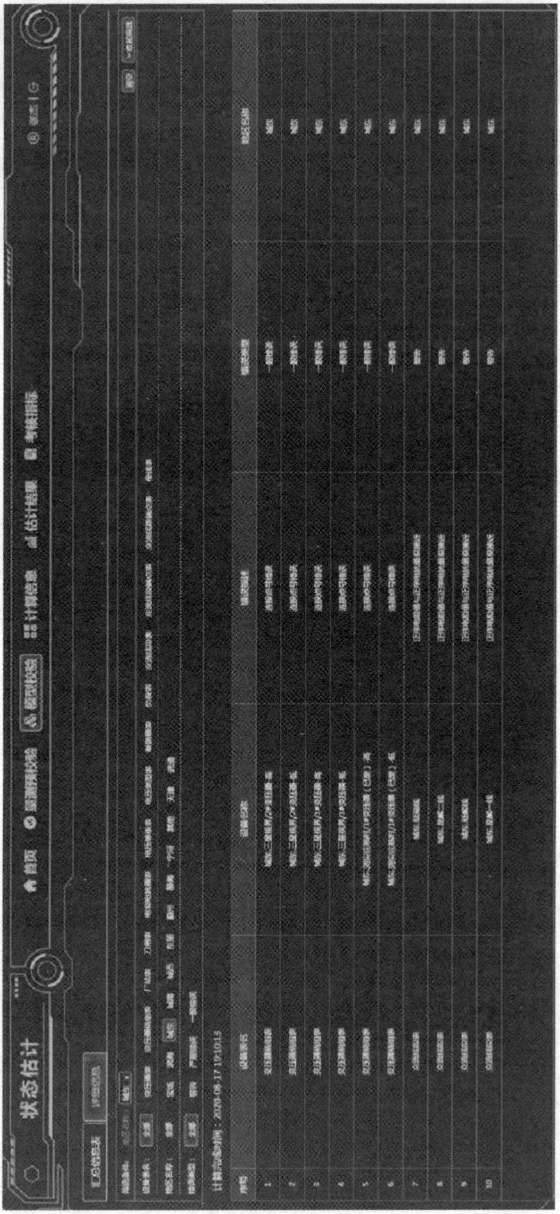

图 5－38　模型校验

c）变压器绕组表。变压器绕组找不到变压器，变压器 id 为空或者错误，此问题理论上不应该存在，需排除是否是由于 PAS 标志引起的。

d）交流线段表和线路端点表（有些设备不参与状态估计计算）。一条线路只关联了一个端点，此类问题只是警告。该问题是地调对于线路某一端的厂站不参与状态估计计算，设备的应用类型属性不勾选 PAS，使得只保留了交流线段的一个端点。交流线段表中的交流线段没有任何线路端点与之关联，只有交流线段没有线路端点，这种情况一般是因为线路改名等不再使用，可由地调将此类设备删除。

e）母线表：母线连接点号为空（–1）或者错误，主要有虚拟的母线。如果确实为虚拟母线需地调侧设置虚拟标志，0.4kV 设备一般不设置 PAS 标志，或者不设置 PAS 标志。

f）串补/容抗器/线路端点表/变压器绕组表/负荷表。连接点号错误或者为空，可能存在部分垃圾设备，如果确定为垃圾设备应该删除。额定电压与电压类型基准值不匹配，需要检查电容器容量，不能为 0。

g）交流线段表和变压器绕组表。电阻或者电抗为零缺少设备参数，设备应该是不需要参与计算的，可根据具体排查，如果不需要参与计算应将 PAS 标志勾掉。

4）调度员培训模拟 DTS。仿真培训类应用依托调控云强大的计算资源，支持调变配一体化仿真，多级调度联合培训仿真，利用调控云的弹性资源管理服务，实现仿真场景的按需创建和动态回收，提高资源利用率，采用轻量级客户端架构实现对仿真系统的安全访问，保障仿真场景随时随地应用。电力系统模拟仿真支持实时方式、典型/特殊方式、规划模式、事故情况下，对电力系统的暂态、中长期动态和稳态的仿真（见图 5–39）。

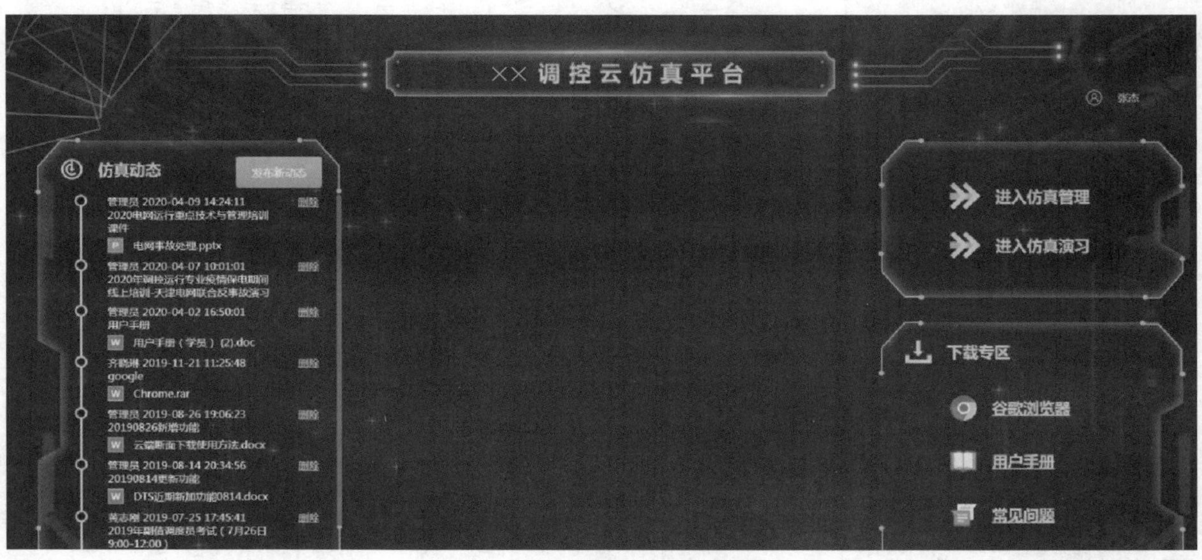

图 5－39　调控云仿真平台

左侧“仿真动态”显示管理员发布的通知，通知按时间排序；如果通知包含附件，点击附件即可下载，如单击图 5－39“演习通知.doc”即可下载该文档。

只有管理员可“发布新动态”，如图 5－39 所示。在“主题”输入框可添加通知内容；如要添加附件，可单击“选择文件”按钮选择要上传的附件，再单击“上传文件”按钮上传文件。单击“确定”即可发布当前动态。

单击“进入仿真演习”，进入仿真演练主界面（见图 5－40）。

单击“进入仿真演习”，进入仿真演练主界面。只有添加到推演桌的对应人员可以看到该推演桌。

对于已经启动的推演桌，可以点击“进入推演桌；对于未启动的推演桌，“进入推演桌”按钮变灰无法点击；对于“未发布”的推演桌，教员可进入该推演桌，学员则无法进入该推演桌。

进入某个推演桌后，首先看到厂站图，如图 5－41 所示。

“厂站索引”主页显示所有厂站的信息。厂站会根据厂站名称的拼音进行排序，根据电压等级显示相应的颜色，还可以根据地区、电压等级和厂站类型进行筛选查询。在搜索框内输入厂站的简拼、全拼或汉字可直接搜索对应的厂站。

左上角显示菜单栏，包括“培训控制”“教案”“培训监视”和“培训评估”。教员可以看到所有菜单，学员只能看到“培训监视”。右上角显示地区潮流按钮、培训状态、全网的有功总加、系统当前时间和当前登录用户。培训状态分为四种：“未知”表示模型服务未启动，需联系平台管理人员；“未加载”表示未启动培训；“加载中”表示正在启动培训；“加载完成”表示培训启动完毕，可以进行操作。

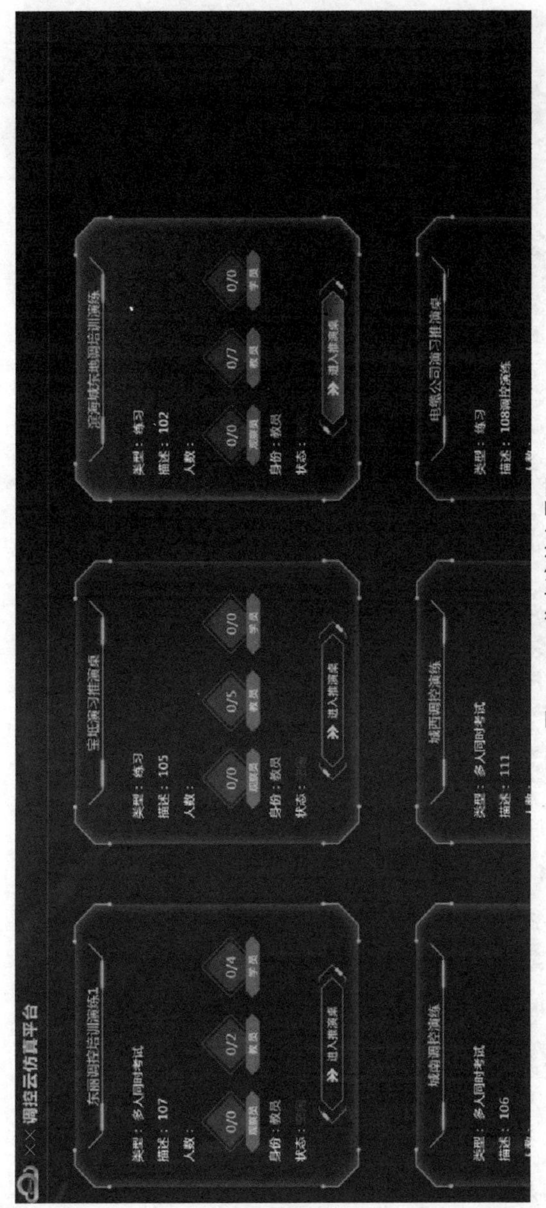

图5－40　仿真演练主界面

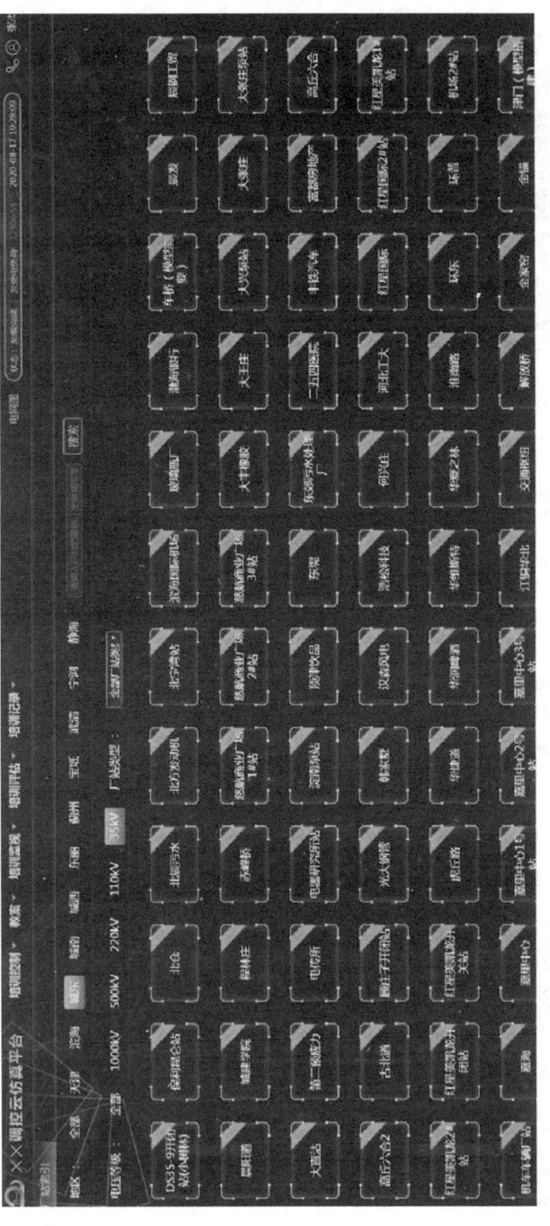
××调控云仿真平台
培训控制
教案
培训监视
培训评估
培训记录
地区：
全部
天津
滨海
城南
城西
东丽
蓟州
宝坻
武清
宁河
静海
电压等级：
全部
1000kV
500kV
220kV
110kV
35kV
厂站类型：
全部厂站类型
搜索

图 5－41　厂站图

5.2.5 分析及小结

调控云平台秉承 SaaS（Software as a Service），软件即服务。基于微服务架构，利用调控云平台的计算资源和数据资源，深度挖掘业务数据价值，按层次、分步骤实现高效、实用、智慧型的数据展示与可视化、数理统计与分析等应用。调控云平台资源充裕、兼容性强，基本能够实现数据共享、主配贯通，以调控云的资源和服务可支撑各项配网业务应用全面提升，调控云平台是实现电网日常管理、培训、实战的最佳场景，同时对分析电网薄弱环节乃至电网改造建设提供可靠的参考依据。

按照调控云平台建设新思路，××地调成立调控云 DTS（调度员培训仿真系统）管理与运维工作小组，由调控运行、方式技术、继电保护等专业人员组成，对涉及调度员培训仿真系统的调控运行业务进行梳理，找出与传统业务模式发生变化或新增的业务工作。通过梳理工作，优化系统建设与运维，建立常态化运行使用机制，编写调控云仿真平台使用与维护管理说明书，进一步建立工作标准，并需要新建或完善现有相关管理办法。同时在大力建设世界一流城市供电网的背景下，调控中心积极开展班组应用创新实践，在调控云系统建设使用的契机中，争创人才培养与提高调控核心业务水平的标杆，充分挖掘管理优势和技术优势，在确保电网安全与可靠的同时，充分发挥调控云平台系统应用的成效（见图 5-42）。

依托××地调智能电网调度云平台系统的应用，基于实时数据的 DTS 动态仿真系统，瞄准班组管理的空白点和薄弱点，大力革新各项应用实践，实践案例实施坚持以细节管控为依托，在平台应用与管理上下功夫，注重基础积累，有效提升班组效率与整体业务能力。

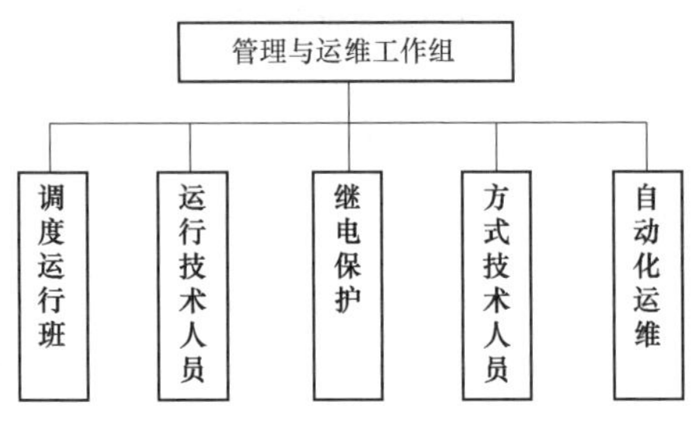

图 5－42　管理与运维工作组构成

通过完善和提升现有的调控管理体系，完成电网反事故预案编制、实景演练、调控员岗位晋级考试管理模式调整，完善工作流程、管理制度、人员职责、人员配置等调整方案。实现电网“调控云＋”新模式，使调控云更好地服务于调控运行日常工作。总体思路与做法是：统一平台、数据共享、动态响应、功能丰富、主配贯通。

下面介绍基于调控云平台的电网反事故预案编制、实景演练、调控员岗位晋级考试三个典型应用案例，通过案例对调控云平台应用前后工作开展情况进行对比并作出评价，说明主要的应用做法，分析不足及改进的方向。

（1）基于调控云平台的预案编制。

1）现状及背景。以往的反事故预案和保电预案的编制都是基于电网历史负荷数据，需要多专业、多人力去校验预案的准确性和实时有效性，随着电网方式变化预案更新存在滞后现象。原有的调度员仿真模拟系统都是基于离线数据建模，不能反映电网的实时状况，保护配置不够丰富，教员端模拟故障单一和程式化，学员多次使用存在思维定势。

随着电网规模的不断扩大和智能电网的逐步建成，为电网运行带来了新的问题，特别是对电网事故处理提出了新的挑战。原有模式整体上欠缺应有的实战性作为保障，以至于耗费了过长的电网抢修时间。为了增强应对电网风险的能力，我们希望借助调控云平台提高反事故预案编制水平。为更好提升调控运行水平，开启“调控云+”新模式，使调控云仿真平台更好地服务于调控常规工作。基于实时数据的动态仿真系统，将各变电站保护配置置入调控 DTS 仿真系统，从而最大程度实现电网事故动态模拟，可以系统校验预案准确性，提高调控员反事故预案编制水平。

2）主要做法。依托智能电网调度自动化技术支撑系统的应用，基于实时数据的调控云 DTS 动态仿真系统，瞄准班组管理的空白点和薄弱点，实践案例实施坚持以细节管控为依托，在平台应用与管理上下功夫，注重基础积累，有效提升班组效率与整体业务能力。

a. 基础工作开展情况。

a）系统图模整治。为保证电网系统图拓扑的准确性，充分行使调控专业掌握新设备异动流程审批权力，建立系统接线图运行维护管理制度，确保与实际电网方式一致，满足预案编制的基本需求。

b）主配一体图模贯通。开展 1000kV—10kV 电网设备的一体化贯通工作，主配网网络拓扑着色功能正常。对所有设备的开关位置状态进行核实，确保仿真平台电网状态与 D5000 主系统一致。

b. 拟订事故应急处理预案的基本思路。事故应急处理一般来讲都包含复杂性较强的处理流程以及处理步骤，此种现状在客观上增大了处理某些电网事故时的难度。具体而言，针对电网事故如果要着眼于妥善进行应急处理，那么依托调控云仿真平台应当秉持如下的应急预案设计思路：

a）缩短处理电网事故消耗的时间。之所以需要拟订电网运行必须的应急处理预案，其根本宗旨在于缩短处理整个事故流程耗费的总时间。因此，可以得知，应急预案在全过程的电网事故处理中体现为必要的价值。具体在设置应急规划时，关键在于考虑当前现有的电网运行漏洞，针对某些出现频率较高的电网典型事故要将其纳入应急预案。只有做到了上述的应急预案优化，才能够在根本上缩短有关部门对此消耗的应急处理时间，从而确保在相对较短的时间里恢复原有的电网安全运行。

b）相对于处理电网事故运用的传统模式而言，因为已经在仿真平台上用实时数据及高级验证过预案的准确性。所以建立于调控云平台应急预案前提下的电网事故处理不必再去依照逐级上报的途径或者方式。除此以外，全面拟订应急预案的举措还能避免多种多样的事故处理误差。这是由于技术人员已经在现有的应急预案中列出了多层次的应急处理情形，因此，在电网表现为突发故障的状态下，技术人员只要查找相应的处理手段与处理模式就可以了。

c）提升事故处理的实效性。电网事故处理通常都会涉及较复杂的事故处理流程，因此，关键点就在于要保障事故处理的成效性。具体在电网表现为某些突发事故的状态下，作为电力企业及有关部门首先应当明晰事故处理应当依照的基本流程，然后再去因地制宜选择相应的预案作为支撑。与此同时，设计应急预案时给出特定的电网处理区域，针对技术人员彼此之间的分工模式也能够予以明确。如针对亟待迅速恢复供电的特殊区域来讲，运用合理性较强的预案分配方式可以全面保障应急处理电网事故的实效性。

d）加强各部门之间有效协作。处理电网事故如果仅限于依赖某个单一部门，那么很难真正达到全方位的电网事故消除目标。因此，拟定应急处理的相关预案在客观上不能够欠缺多部门之间的协同以及配合。同时，电网事故处理通常也会涉及多种多样的专业，所以在调控云仿真平台上可以进行 NPC 实时通信设置。

c. 调控云平台应急预案编制应用。从事故处理的视角来看，应急处理预案占据了其中非常关键的地位。这主要是由于在拟定应急预案之前，针对某些突发性的电网事故就能将其及时处理，确保在根源上避免并且消除潜在的事故威胁和事故隐患。因此在实践中，针对电网处理涉及的事故应急预案应当关注如下的运用要点：

a）事故预案编制的过程。如果要编制科学性与规范性较强的事故应急预案，那么关键举措就在于规范编制预案的全过程。在此前提下，电网运行一旦涉及某些突发事故，则需立即对其作相应的处理。

调控云管理小组的调控运行班成员根据电网结构、运行方式和电网继电保护及安全自动装置配置状况，考虑电网供电能力、系统潮流变化、薄弱运行方式下供电可靠性降低、恶劣气候条件、某些易于发生人员过失等因素，而事先在 DTS 系统上模拟防范对策和应急处理方法，超前部署电网事故风险预控措施。

编制预案的信息化系统流程见图 5-43。

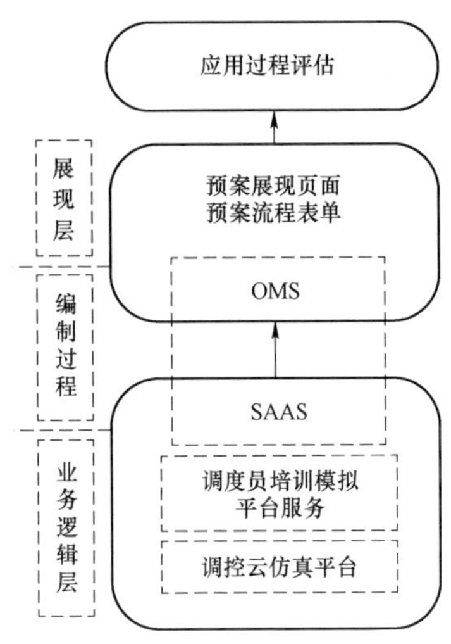

图 5-43　编制预案的信息化系统流程

预案编制人员根据电网典型事故、N-1 电网状态及特定设备保电等，在调控云平台上模拟设置故障。能够根据电网现有运行方式或某时刻电网潮流断面显示预编制变电站是否为正常方式，能够显示故障前负荷水平（设备负载率、有功功率、电流值），能填写各地调负荷性质（各电压等级系统站、用户站，影响供电区域内居民数），能填写变电站全停后地调所属系统站、用户站、自动装置动作情况，能显示全停后负荷损失。预案初编完成后，通过 OMS 事故预案编制模块进行流程流转，见图 5-44。

流程执行完毕后，进行预案电子化展示。在预案参考过程中，进行应用效果评估。

配网事故预案编制

编号：PWSG_2019 0008　　　　　　城东供电分公司

编制			
预案题目	新开河220kV北新线停电工作期间新开河站全停事故保电预案		
方案	城东地调2019-06-18至2019-06-24新开河220kV北新线停电工作期间新开河站全停事故保电预案.doc		
针对内容	北新线检修		
备注			
编制人	杨占民	编制时间	2019-06-17 09:05:07
审核			
审核意见	同意		
审核人	吕剑	审核时间	2019-06-17 09:06:15
主管领导审批			
审核意见	同意		
审核人	杨扬	审核时间	2019-06-17 09:07:04
中心领导审核			
审核意见	同意		
审核人	冷旭田	审核时间	2019-06-17 09:07:45
调度查看			

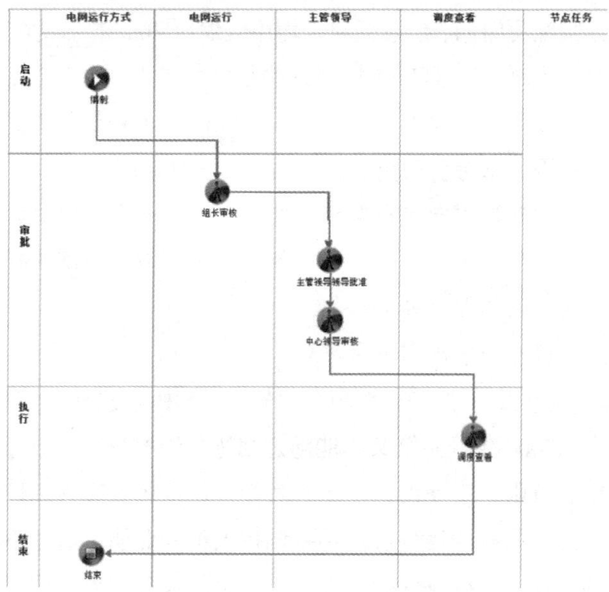

图 5－44　预案编制流程图

b）确保结合电网运行真实状况。应急预案编制流程到调控当值环节时，调控员根据电网运行状况的变化，依据调控云仿真平台微调应急预案内容，基本实现全方位的转型与改进，使预案具备优良的可操作性和实用性。

3）评估与改进。预案编制完成后，调控员可在调控云平台上审核此预案，可视化程序化演示模拟预案处置，使预案指导更加精准。从目前的现状来看，全过程的电网应急处理中通常都会用到上述的预案规划模式，其中根源在于上述的处理模式更加有助于保障精确性并且缩短影响时间。

基于调控云平台的预案编制执行以来，极大提高城东调度的事故预案编制水平，效益显著。一是优化资源配置，管理效益大幅提升。供电路径定位准确率提升 21%；缩短每一个变电站的预案编写时间，预案编制平均用时缩短 30min，人力资源成本减少 3 人/次。二是反事故预案编制更加智能，减少全站停电后无法恢复负荷、操作内容切合实际潮流分布和负荷情况、简化处理步骤，参考价值更大，电力保障更加坚强。

今后的改进方向：在调控云仿真平台研究生成保电典型案例，在原有保电方案基础上进行修改（如研究生考试、高考考试、国庆、新年保电等）。

（2）调控云平台实景演习。

1）现状及背景。现代调度系统：益集中与复杂，而调控员日常在 D5000 主网系统又不能随意演练。调控员日常故障处理锻炼机会有限，定期模拟，闭环教学，可以极大增强调控员的应对能力。原有的运行模式导致调控人员专业能力参差不齐，对个别专业（如继电保护、方式运行）的业务知识掌握不够深入，对各电压等级电网及各专业认识程度不足。个别新进调控员缺乏经验，对各种电网故障缺乏认知，应急处理能力欠缺。

应急模拟演练的价值就在于模拟多种多样的电网各种事故，以便于调控人员、检修人员以及其他人员熟悉故障情况，从而显著增强处理电网故障的成效性。但是不应忽视，当前各地电网事故种类日益多样化与复杂化，与之有关的应急模拟练习也要体现为多样性，确保有关人员能正确应对并妥善处理当前各类电网故障。旧模式下班组培训手段单一，无论是调度员考核还是反事故演习、模拟保供电等，都需要事先需要大量人力、物力，准备大量资料，各个专业都事先做很多工作，不能做到实时融入一个系统，不能反应电网实际潮流及四遥状态，多是桌面推演。缺乏调度数据采集和监视控制主系统与调度员仿真模拟系统及设备本身的监控、保护、告警信息之间对应关系的维护。运行中有可能导致应用仿真系统的学员对告警信息理解的差异及对真正电网的认识偏颇。不能客观体现调控员专业能力及应急处理电网事故能力。

为进一步加强培训演习和互联网信息技术的融合，电力企业需要依托自身优势，充分利用电网调度领域中的云端数据进行有效的管理和分析，帮助调度人员进行智能分析和辅助决策，进一步实现电网调度“自动智能化”，有效提高调度运行人员驾驭电网的能力，保障电力系统安全、可靠和经济运行。推进调控云仿真平台 DTS（调度员培训仿真系统）建设与 D5000 数据采集及监视控制系统统一数据源，满足调控业务无阻碍过渡，使调控员日常操作更加得心应手。

2）主要做法。定期进行事故模拟演练，以推演桌形式（见图 5-45）下发，结合电网结构，运行方式的更新，完成模拟、讲解、反馈的闭环管理。

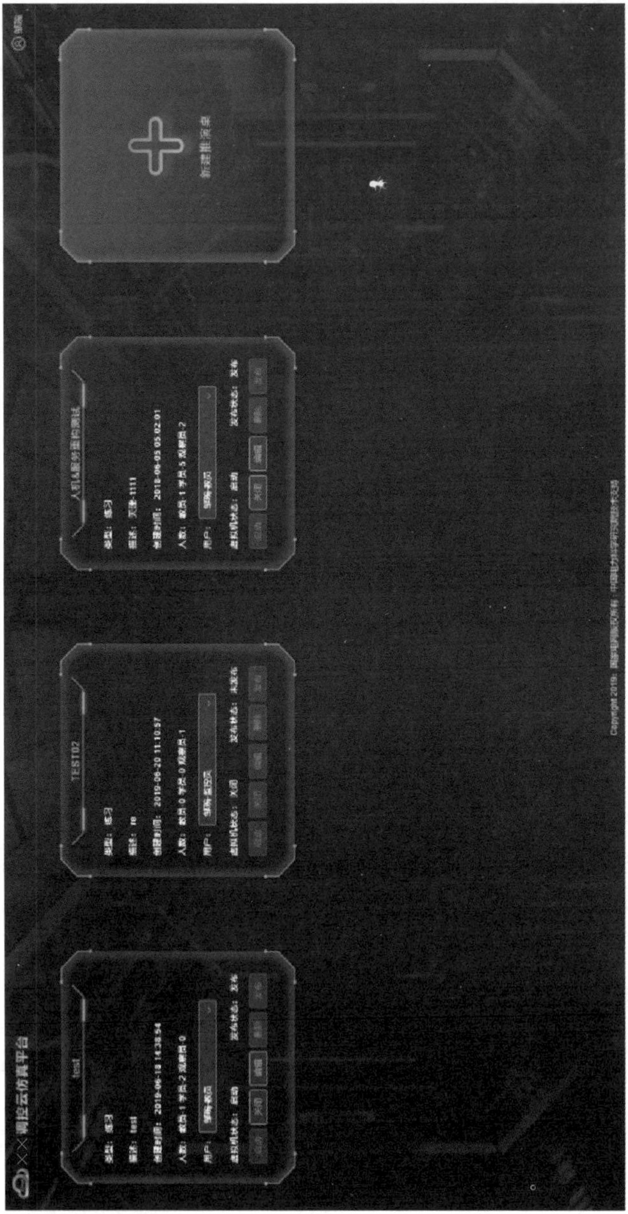

图 5－45　推演桌示例

a. 基础工作开展情况。

a）借鉴以往事故统计分析在调控云平台进行电力运行设备故障预判。利用历史数据，进行线路故障率统计分析，为线路计划检修、运行维护提供指导依据。在 DTS 中设置电网故障后，DTS 系统将进行故障仿真，生成保护动作和开关变位等事件。

b）电力设备负载评估与重过载预警。利用模拟实时用电负荷、实时变压器负荷量、设备运行状态信息，进行电力设备负载情况估算，并设定告警边界，考验调控员实时处理能力。

c）构建调控云仿真平台 DTS 与主网模型参数、四遥状态、保护配置情况、告警窗口与报文等数据高度共享。实现模拟事故发生时，上下级电网的保护正确动作情况、事故跳闸情况及告警状况，实现故障或重大操作的不失真还原及超前预演。确立继电保护及监控信息专家组审核机制，通过构建全新 DTS 系统，实现信息表单自动导入与生成、动态维护、台账管理、线上审批等功能，并优化完成信息接入验收工作模式。依据不同电压等级电力设备组建高水平专家队伍，将专家审核后的设备保护信息、主站信息固化到系统中，台账建立后，同电压同型设备直接调用审核结果，提高效率的同时，保证继电保护与监控信息的高度规范、统一；杜绝了误删、误改、管理痕迹丢失等现象；可形成供调控中心、变配电、检修公司等各方共享的信息表台账；台账与Ⅰ区系统数据库关联，定期校核比对，最终保证保护配置的准确高效与 DTS 学员端的自由配置选择。

b. 演练过程。国网××供电公司调控中心搭建了电力系统仿真平台，为电网调度、调控员、监控、反措等提供数据分析、需求响应、实时模拟等服务，实现数据流-信息流的在线与离线应用。2020 年，××公司调控中心作为调控运行专业两会保电联合反事故演习的地调之一，以某 220kV 重要变电站事故为背景，参照实时电网负荷，模拟厂站及线路故障，调控云 DTS 管理与运维小组成员全程跟踪，负责整个演练的统筹规划和过程监控。演练采取市–地调联合演练的方式，上百条故障告警信息，考察两级调控员应急处理的速度和准确性。

a）准备联合演习推演桌（见图 5–46）。

图 5–46　联合演习推演桌

b）选择变压器和线路进行“故障设置”，进行相应故障相别和类型等设置后，如图 5–47 所示。

c）在实时事项屏中就会生成相应信号，如图 5–48 所示。

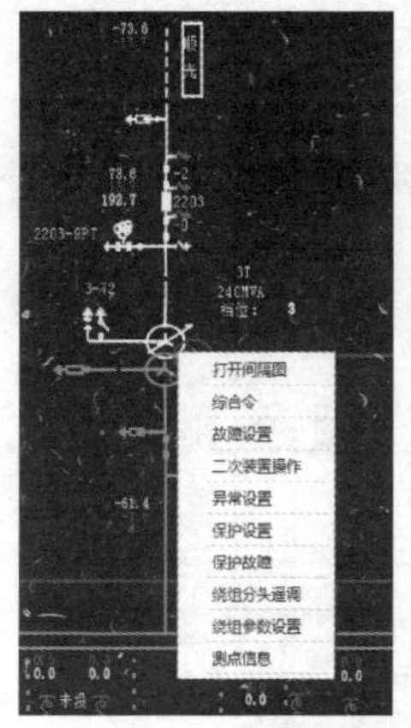

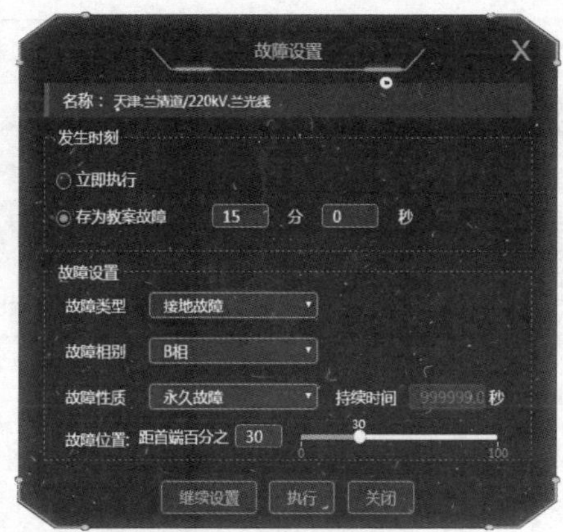

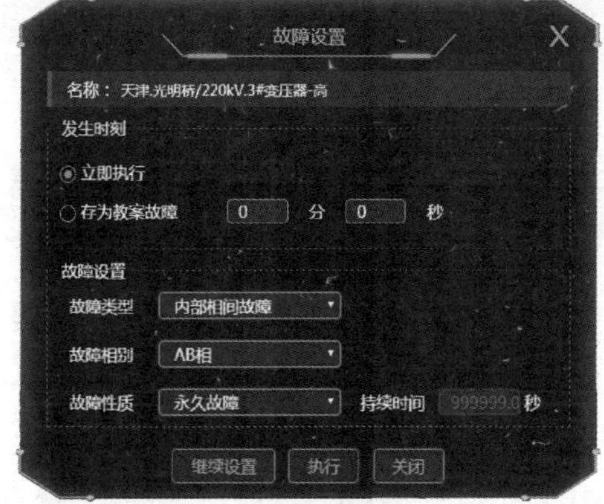

图 5－47　故障设置

d）联合演练调控员在收到监控事故告警后，快速定位故障厂站和间隔，确认开关变位和潮流变化，再将故障跳闸的初步情况汇报相关单位，并通知相关人员赶赴变电站现场检查。对相关断面潮流进行查看和预想分析，各地调调控员统计负荷损失情况和及时隔离故障点、恢复负荷。操作界面如图 5－49 所示。

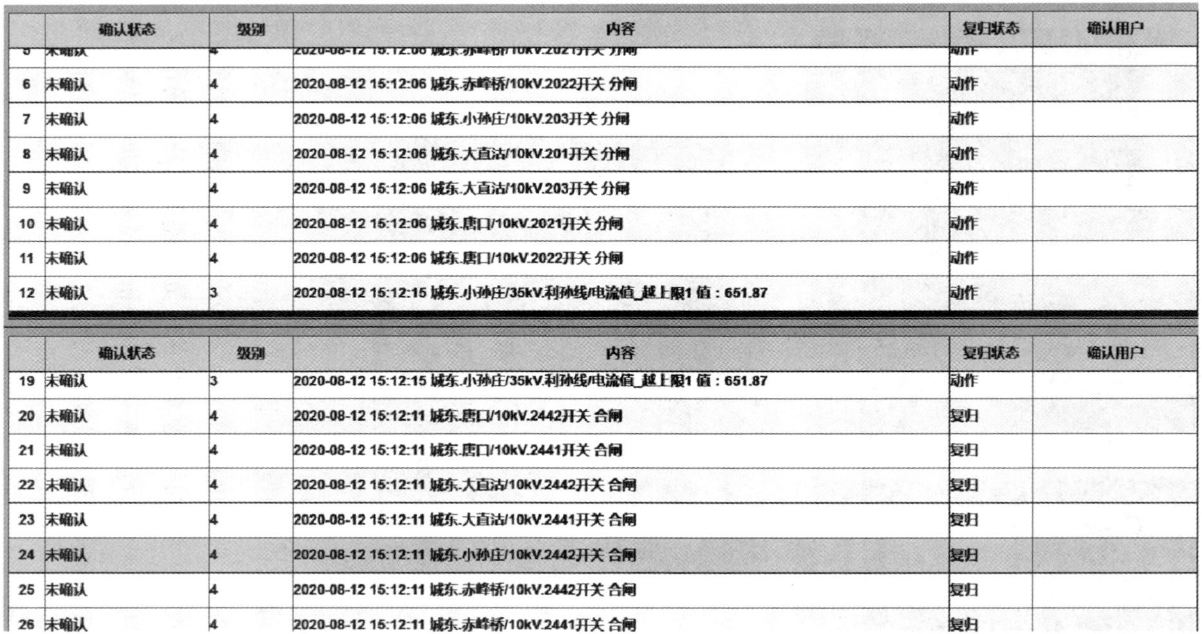

	确认状态	级别	内容	复归状态	确认用户
5	未确认	4	2020-08-12 15:12:06 城东.赤峰桥/10kV.2021开关 分闸	动作	
6	未确认	4	2020-08-12 15:12:06 城东.赤峰桥/10kV.2022开关 分闸	动作	
7	未确认	4	2020-08-12 15:12:06 城东.小孙庄/10kV.203开关 分闸	动作	
8	未确认	4	2020-08-12 15:12:06 城东.大直沽/10kV.201开关 分闸	动作	
9	未确认	4	2020-08-12 15:12:06 城东.大直沽/10kV.203开关 分闸	动作	
10	未确认	4	2020-08-12 15:12:06 城东.唐口/10kV.2021开关 分闸	动作	
11	未确认	4	2020-08-12 15:12:06 城东.唐口/10kV.2022开关 分闸	动作	
12	未确认	3	2020-08-12 15:12:15 城东.小孙庄/35kV.利孙线/电流值_越上限1 值：651.87	动作	

	确认状态	级别	内容	复归状态	确认用户
19	未确认	3	2020-08-12 15:12:15 城东.小孙庄/35kV.利孙线/电流值_越上限1 值：651.87	动作	
20	未确认	4	2020-08-12 15:12:11 城东.唐口/10kV.2442开关 合闸	复归	
21	未确认	4	2020-08-12 15:12:11 城东.唐口/10kV.2441开关 合闸	复归	
22	未确认	4	2020-08-12 15:12:11 城东.大直沽/10kV.2442开关 合闸	复归	
23	未确认	4	2020-08-12 15:12:11 城东.大直沽/10kV.2441开关 合闸	复归	
24	未确认	4	2020-08-12 15:12:11 城东.小孙庄/10kV.2442开关 合闸	复归	
25	未确认	4	2020-08-12 15:12:11 城东.赤峰桥/10kV.2442开关 合闸	复归	
26	未确认	4	2020-08-12 15:12:11 城东.赤峰桥/10kV.2441开关 合闸	复归	

图 5－48　事故变位信号

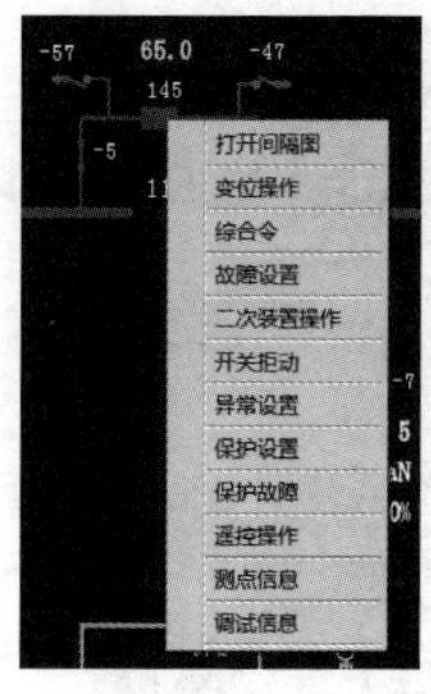

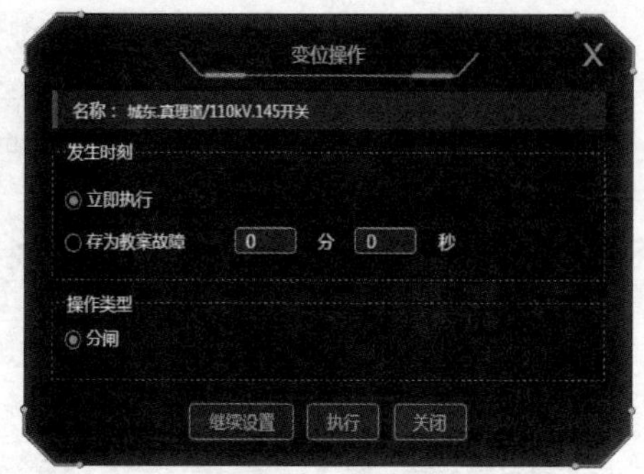

图 5-49　变位操作示意

e）演习过程中，系统会自动记录学员所有操作内容，演习结束后，教员可导出各学员的操作记录进行考查评分。考核项目包括“五防”及其他类型误操作。可在“每项扣分”输入框中自定义扣分大小。最后一列“勾选框”表示该条规则是否生效。勾选表示生效，不勾表示此条规则不做评估判断，见图 5-50。规则启用状态和分值可随时进行修改，既可在培训启动前，也可在培训进行时，立即生效。

此次应用调控云平台顺利完成演习任务，整个系统仿真的潮流和开关变位计算结果正确、统一，仿真的监控信号正确、规范、齐全，顺畅、准确地完成了整个事故演习案例的故障设置、开关变位、潮流变化和监控告警等触发、故障隔离和恢复送电的全部操作，取得了非常好的培训效果。充分体现了调控云仿真平台 DTS 新系统在反事故演习以及岗位练兵中的重要作用。

3）评估与改进。基于调控云仿真平台的模拟实景演练强化主配网资源协同，实现供电路径全景化展示。根据电网供电路径，可制订某变电站进线或主变情况下的事故演练。

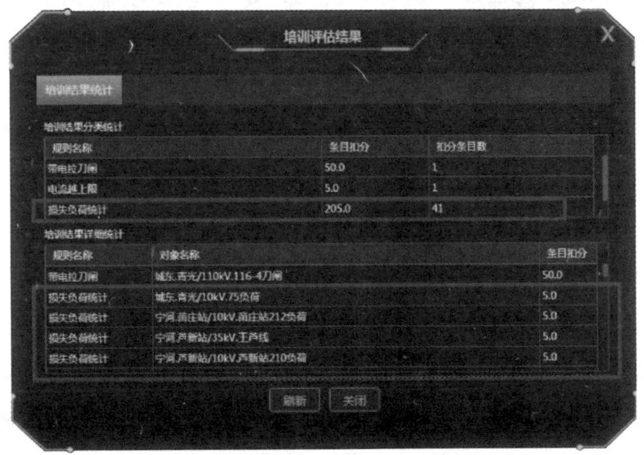

图 5－50　评估参数设置及评估结果

调控云平台实景化演练的应用显著提高调控人员的工作效率，节约人力成本，提高调控运行工作运转的持续性与完整性、信息处理的实时性与精准性，未来电力能量和信息将出现多元化、多向流动，调控云在智能调度领域的应用可极大提高电网调度的安全性、经济性，具有较大的应用前景。

有效提高调控员业务水平与应急能力，为配电、调控、抢修等多专业业务融合提供仿真基础，最终形成全电压等级电网实景演习新模式运行与管理体系。实现数据融合，进一步推动调控资源集约化；提高了反事故演习过程中问题反馈的针对性和准确性，可校验继电保护定值整定的准确性及保护可靠性，为提高班组工作效率提供了较好支撑。

今后可拓展实现在现有的调控云平台上应用自动电压控制、负荷批量控制等功能，使演练更丰富真实。

（3）调控员岗位晋级考试。

1）现状及背景。在调控员岗位晋升中，多是依靠离线非实时的单一办法，备考人员依据纸面题目进行口头作答，考核的客观性不足。调控中心运行班正常下设副值调控员、正值调控员、值长三类岗位。作为新入职实习调控员开始，通过日积月累的倒闸操作票编写，在了解调控规程的前提下，在不断熟悉城东电网建构的过程中，在不断了解日常工作流程的基础上，从一名实习调控员逐步成为副值调控员、正值调控员，以及最后成为值长，带领正、副值调控员共同维系电网的稳定安全运行。

在调控云未普及前，各阶段的考核往往停留于纸面，没有一个合适的载体方便各个阶段的调控员进行实操，而脱离实操的考试往往难以准确地模拟电网实时负荷、潮流，变压器负载率，线路合环电流，使得对于电网的桌面演练缺乏真实感。同时，对于目前大部分天津地调 35kV 及以上电压等级主网线路图并没有和配网图进行关联的现状，调控员考试测评需要准备大量相关 10kV 线路配网方式打印纸质图，不仅费时费纸，无法反应电网实时状态，而且查询极为不便，给调控员的测评无形中增加了不必要的难度。

所以，调控云的搭建与推广，将使调控员晋升测评迈入新的阶段，接下来按不同岗位需求详细开展介绍。

2）主要做法。

a. 副值调控员测评。作为副值调控员，需掌握所属调控范围各类保护动作逻辑与常见保护信号；了解、熟悉变电站内的开关操作；负责电网操作命令票的编写与执行；熟悉调控范围内电网的重要用户以及电网架构，从而协助正值监护并执行本值值班期间的电网调度管辖范围内设备的操作及事故处理，更好地参与电网事故及应急预案管理。

首先，关于掌握所属调控范围各类保护动作逻辑与常见保护信号，不同电压等级，不同线路，乃至新、老变电站的保护配置存在着较大的偏差，熟悉相应保护配置对于对电网架构仍不够熟悉的新调控员是严峻的考验。以往只能通过不同变电站内所有保护定值单学习，对于故障时开关如何变位，保护信号如何动作不免缺乏直观感受。

现在调控员可以直接在调控云系统内设置相应的开关、线路、变压器故障，一方面站内的开关变位将更为直观；另一方面，通过培训监视模块内实时事项屏选项查询相关的开关变位、保护动作等信号，有效强化了调控员对于保护信号的学习和理解。

其次，作为一名副值调控员日常工作的重心是编写计划操作票，对于变压器年检、线路架空入地等常规工作，调控云为调控员提供了一个更为拟真、更为全面的操作模拟（见图 5–51）。除了模拟正常的变位操作，还可以设置综合令，见图 5–52。

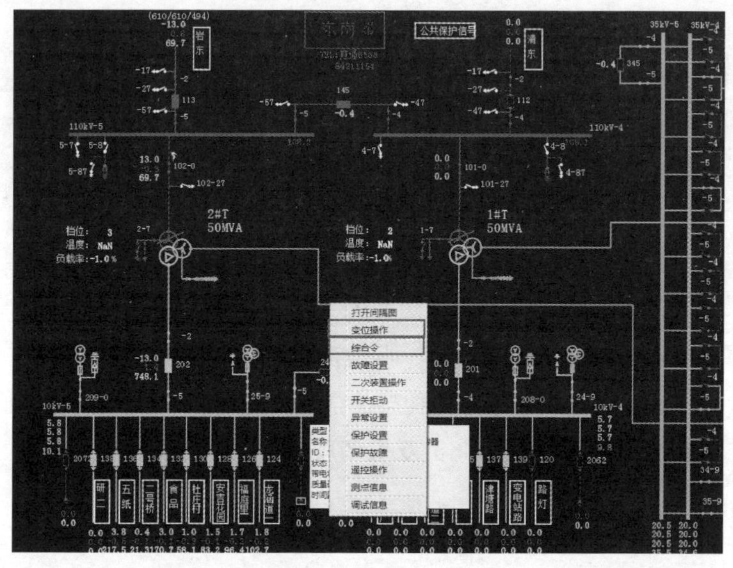

图 5－51　模拟操作

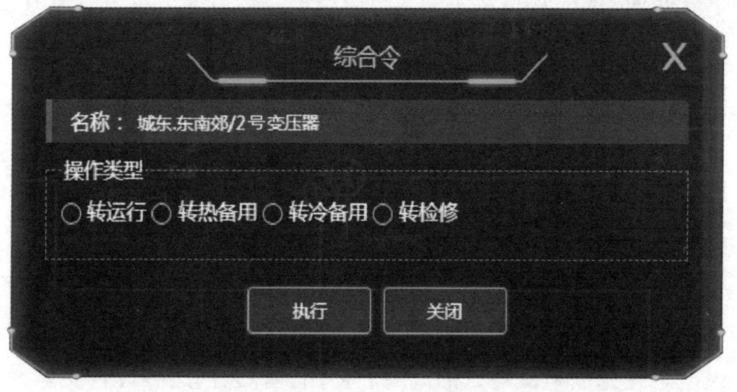

图 5－52　综合令操作类型

这使得副职调控员可以模拟一次完整的变压器常检工作，从中低压合解环倒负荷，高压侧方式调整，综合令变压器转检修，以及完工后的复原。通过有效的模拟实操，对工作的流程加深印象，从而更好地保证操作票编写的正确率。

最后，在引入调控云后，对于新调控员最大的优势则是可以更便捷地使用线路之间的跳转链接快速熟悉电网结构。

原本因厂、站、线路的调控、维护范围划分不同，而导致各家地调只会绘制、更新自己调控区域内的电网方式图，常见的是在变电站内个别进线或者出线与变电站不属于同一调控范围，调控员无法通过这些线路链接进行跳转看图，这十分不利于调控员对于电网构架的学习和理解，乃至预案编写，缺陷故障处理都会因此类双重调度区域无法看图而导致安全隐患。

b. 正值调控员晋升测评。作为正值调控员，主要协助值长监护并执行本值值班期间的电网调度管辖范围内设备的操作及事故处理；同时还负责协助执行电网调度运行人员反事故演习、演练，参与电网事故及应急预案管理；协助值长完成本值值班期间集中监控站电网设备监控业务。

因而，在对正值调控员选拔时，除了考察对于电力基础知识以及对电网的熟悉程度之外，会要求正值调控员具备一定的故障处理能力。尤其在因天气原因，导致多条线路故障掉闸，值长无暇兼顾时，正值调控员需独当一面，具备可靠处理常规线路故障的能力，快速隔离故障点，恢复线路其余部分的正常供电。在完成笔试考试的同时，使用调控云的故障设置功能，则可以对正值调控员进行实操选拔考核。

首先登录调控云教员账号，确认系统右上角状态显示“未加载”。单击功能菜单“培训控制”→“培训启动”，选择合适的断面或当前电网状态进行设备的潮流加载（见图 5-53）。

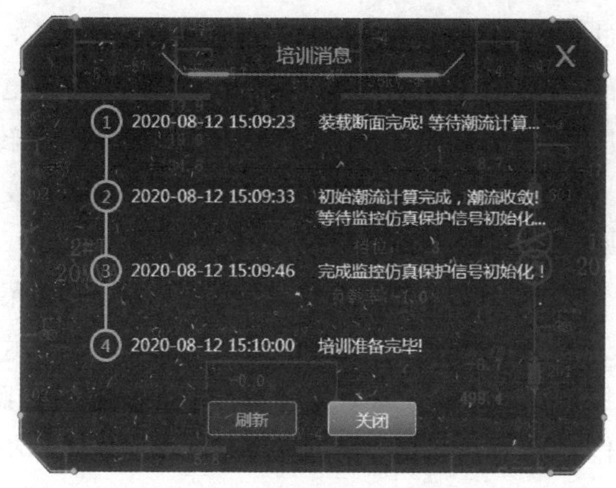

图 5－53　加载培训考试信息

当显示准备完毕之后，再由教员将鼠标放到母线、线路、开关等设备上，右键单击“故障设置”即可对该设备进行故障设置（见图 5－54）。

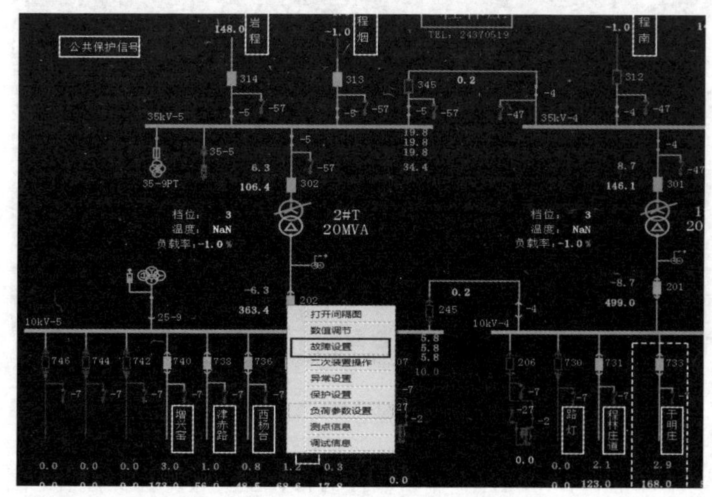

图 5－54　故障设置

学员端就会接收到故障信号，结合调控云所具备的主配调一体功能，调控员在进行故障演练时，无须进行不同电网图形系统的切换，可直接点击 10kV 线路出口进行配网图跳转。待配电线路故障处理完成后，再由参加考试的调控员进行变电站内线路复原操作，最后再进行打分。

对于故障处理过程想进行复盘，还可以点击功能菜单“培训控制”→“培训重演”，将弹出窗口如图 5－55 所示。表格包括快照“中文名称”“最近发生事件中文描述”“快照来源”和“制作时间”。可根据“最近发生事件中文描述”来选择进行重演的仿真状态，单击表格中快照名称，该行变黄即视为选中，然后单击下方蓝色“恢复”按钮即可恢复到该时刻仿真的状态。

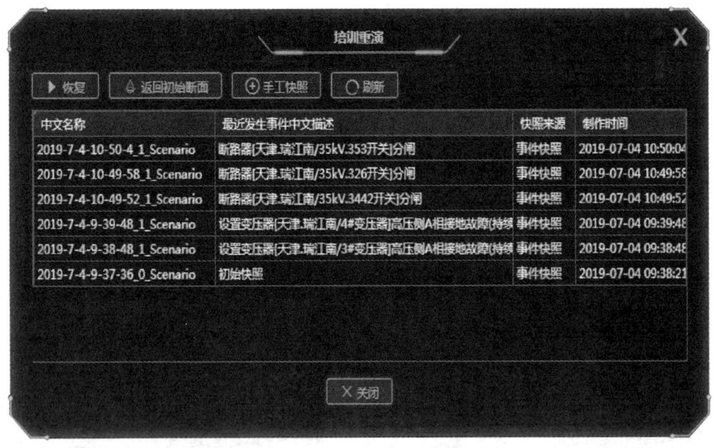

图 5－55　培训重演

c. 值长晋升测评。作为调控值长，主要负责调度管辖范围内输变电设备操作、事故、异常处理工作，全面统筹指挥包括调整系统电压，负责电网运行方式危险点分析，执行电网调度运行人员反事故演习、演练工作，审核正值（副值）调控员填写的调度操作命令票，监控信息管理等工作。

对于调控值长的考核，毋庸置疑考核的重点将是对于突发性电网异常造成的各类故障的准确、可靠、高效处理能力。单一的故障设置无法难以满足对于值长的选拔。利用调控云的各类功能为故障设置提供了更多选择性。

a）延时故障设置——教案管理。在加载完合适的断面，调控云显示培训准备完毕后，点击 “教案”→“教案管理”，选择制作教案（见图 5-56）。然后输入相应信息，可为即将创建的事故演练命名，便于设置好具体故障后进行读取。

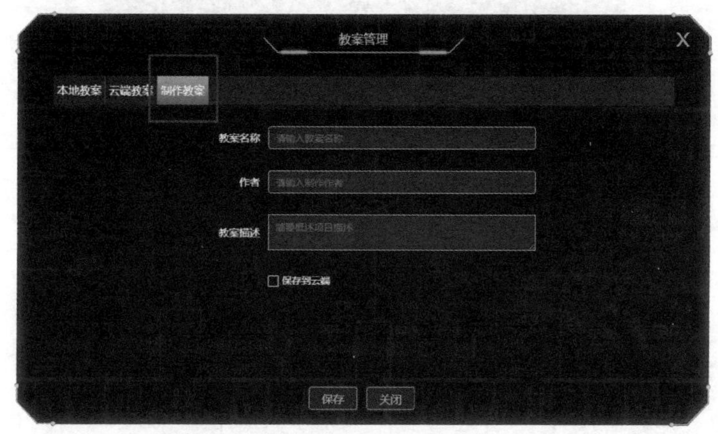

图 5-56　教案管理

以城东公用站华夏之林为例，设置案例背景为：变电人员巡视时发现，因最近降雨频繁，华夏之林室内站漏水严重，1 号 T，2 号 T 存在安全隐患，随时可能发生事故，需进行停电后处理。

对于这类故障，选择变压器右键选择故障设置，如图 5-57 所示，在具体设置的时候并不点选立即执行，而是选择存为故障教案，同时设定时间。之后可以自由选择继续设置或者执行，都没有任何问题。通过这样的操作依次将 1 号 T，2 号 T 分别设置为 5、10min 后故障。在值长考试中，调控员针对此类紧急缺陷，若不能准确有效的处理，即隔离变压器，就会因操作时间过长，而变压器无法坚持运行，从而因潮湿引发内部故障，造成负荷损失，对调控员操作进行拟真的压力模拟。

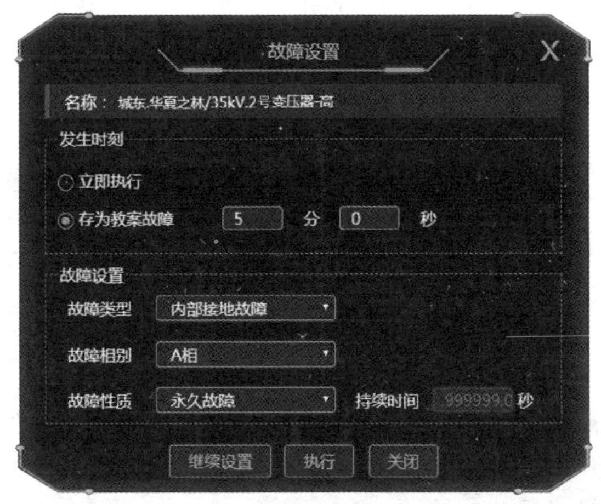

图 5-57　故障设置

b）开关动作逻辑设置——教案事件设置，见图 5-58 和图 5-59。通过选择教案事件设置则可以添加任意的开关动作逻辑，设定好自己需要的条件，以及预想的结果。

通过设置机组、负荷、断路器、隔离开关、母线、线端、变压器绕组作为触发条件，模拟出当调控员进行了某项操作，或者变电站方式满足某一条件时，站内发生第二点，甚至第三点故障的场景，使得故障的复杂性可以足够程度满足值长晋升测试的需求。

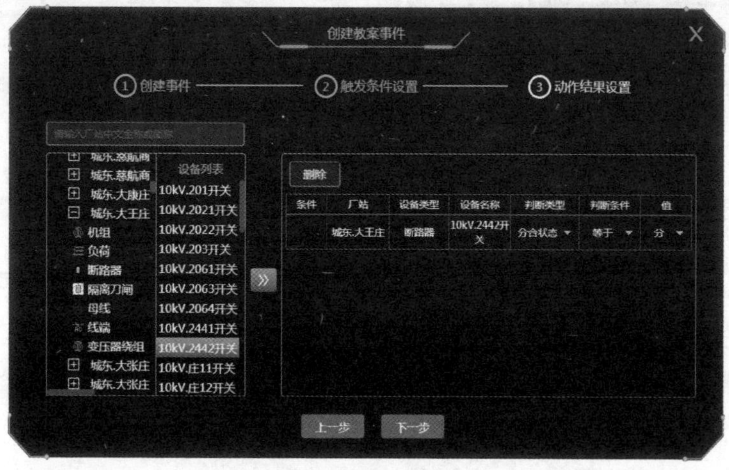

图 5-58　设置故障逻辑

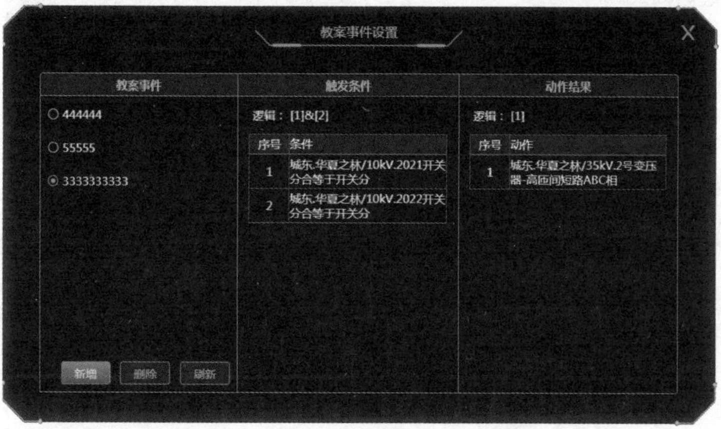

图 5-59　设置教案事件

另外，通过设置开关动作逻辑，也可以针对不同变电站、线路保护设置的局限性，人为地进行开关动作逻辑更改，使得更加真实地模拟出现场环境。

c）增加故障复杂性——设置开关拒动。右键单击开关，选择菜单中的“开关拒动”项弹出“开关拒动”界面，如图 5-60 所示。

此项操作更真实地模拟出开关因储能或机构等问题造成拒动，而缩小故障处理时选择的可能性。

3）评估与改进。

a. 培训评估。当考试实操完成之后，可以使用调控云系统直接为刚刚的故障处理进行打分。

通过选择系统主菜单“培训评估”→“培训参数设置”（见图 5-61）。进入培训评估结果子页面，如图 5-62 所示。可以设置考核项目，包括“五防”及其他类型的操作安全性错误，也可以设置对电流、电压分别越上限和越下限判断的系统安全性错误。可在“每项扣分”输入框中自定义扣分大小。最后一列“勾选框”表示该条规则是否生效。

最后可以根据调控员的实际操作结合评分标准，对调控员实操进行打分，如有需要还可以将评估结果进行导出图。这样的评估列表显示，保证了打分的客观性和公正性，避免因监考不到位，未能及时发现调控员的误操作导致的评分有失偏颇。

b. 改进意见。综上，调控云系统给调控工作带来了极大便利，但是在系统的交互性以及 UI 的便捷性上仍有着提升空间。

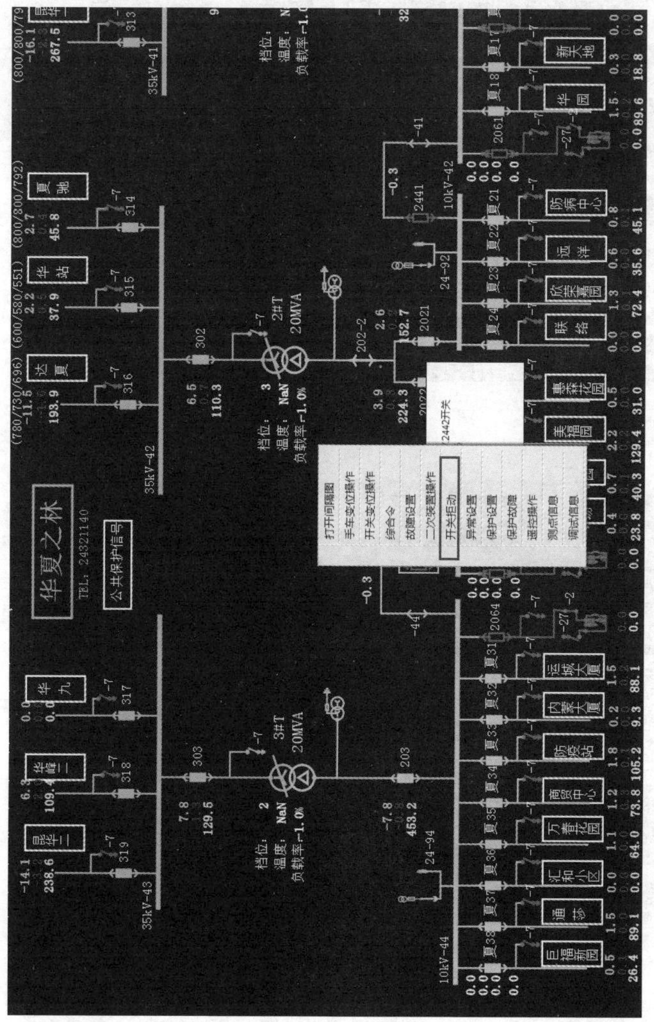
华夏之林
TEL：24321140
公共保护信号
35kV-43
35kV-42
35kV-41
10kV-44
10kV-42
3#T
20MVA
2#T
20MVA
档位：
温度：
负载率
2442开关
打开间隔图
手车变位操作
开关变位操作
综合令
故障设置
二次装置操作
开关拒动
异常设置
保护设置
保护故障
遥控操作
测点信息
调试信息

图 5－60　开关拒动设置

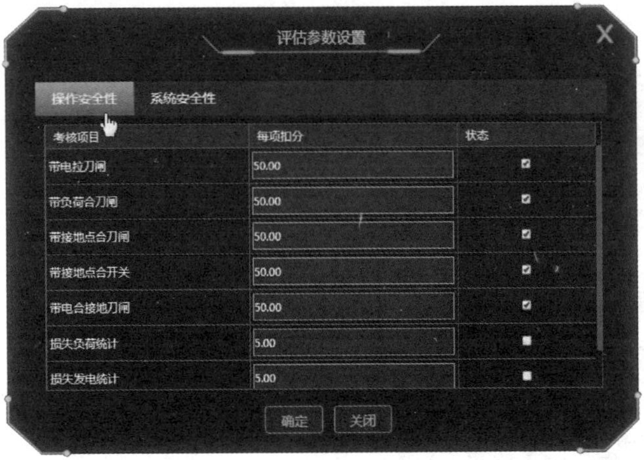

图 5-61　评估参数设置

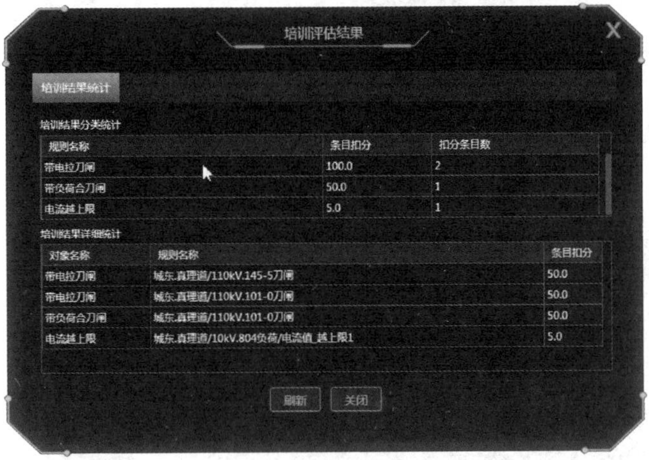

图 5-62　培训评估结果

a）在制作教案时进行故障设置时缺乏对当前整体故障设置情况的可视化界面。当设置完延时教案故障之后，如果不继续设置教案故障，就没有一个操作界面可以对整个教案当前设置的故障进行通览，如果非教案原编写人进行操作，其他人想对教案进行后续故障设置则存在不便。

b）在制作教案模块，对于已经设置的教案延时故障没法进行顺序调整以及内容上的修改，包括在原本故障中插入新的故障，对原本设定好的故障发生时间再进行调整。对于已经编写完成的初步教案无法进行优化操作，导致对教案的编写要求较高。